Mein sonnen- Kraftwerk

Peter sonnenZar

Peter sonnenZar

Mein sonnen- Kraftwerk

Wie der Staat mich wegen der Photovoltaikanlage zum Unternehmer machte

Ein Erfahrungsbericht

Impressum

Verantwortlich
für den Inhalt: Peter sonnenZar
c/o AutorenServices.de
Birkenallee 24
36037 Fulda
E-Mail: petersonnenzar(at)gmail.com

 Dieses Buch bietet allgemeine Informationen und hat ausschließlich informativen Charakter. Es gibt keine rechtlichen Anweisungen. Obwohl ich bestrebt bin, eine inhaltliche und typografische Richtigkeit zu liefern, können Fehler in Inhalt und Typographie auftreten.

Inhaltsverzeichnis

A. Vorwort

Wie der Ochs vorm Berg oder den richtigen Baum im Wald finden. So kam ich mir oft in den letzten Monaten vor, wenn es darum ging, Fragen rund um eine Photovoltaikanlage (im Folgenden: PVA) zu klären oder Entscheidungen im Detail zu treffen. In meiner Naivität dachte ich, ich lasse mir – nach der grundsätzlichen Entscheidung , dass wir das machen - eine PVA auf das Dach setzen, den Speicher in den Keller stellen, melde alles mit Hilfe des Installateurs an und das Ding läuft schon von alleine. Doch schon bald wurde ich eines Besseren belehrt. Jede Menge Internetrecherchen, eine Beratung bei der Verbraucherzentrale und die verzweifelte Suche nach relativ simplen, aber komfortablen technischen Hilfsmitteln in Form von Software oder Tabellenkalkulationen waren die Folge. Ich habe vieles gefunden, aber eben alles weit verstreut in den unendlichen Weiten des World Wide Web, je nach Thema/ Frage mehrere umfangreiche Aufsätze. Ich fand es unheimlich anstrengend, das für mich passende letztendlich zu finden. Kleine, einfache Tools zur Überschlagung der Wirtschaftlichkeit und Ermittlung der Werte für das Finanzamt für Cloudlösungen oder die sonnenFlat – was das ist musste ich ja auch erst lernen - für kleines Geld, die nicht nur in excel, sondern auch in open/Libre Office laufen, habe ich nicht gefunden. Die sonnenFlat ist übrigens die „Stromcloud“ der sonnen GmbH. Die Produkte dieser Firma werde ich noch in diesem Buch näher beschreiben. Ich habe mich also hingesetzt und in hunderten von Stunden auf die sonnenFlat zugeschnittene Tabellenkalkulationen entworfen und bis zur Fertigstellung dieses Buches ständig weiterentwickelt bzw. den tatsächlichen Notwendigkeiten beim Ausfüllen der Steuerformulare weiter angepasst. Ich wollte grundsätzliches, oberflächliches Wissen, das mir praktisch hilft, ohne dass ich gleich zum technischen

Experten in Solarenergie, Batteriespeicherfunktionen oder zum Steuerexperten für erneuerbare Energien mutieren muss.

Als ich vor einigen Jahren begann, mich mit dem Dampfen von E- Zigaretten als Alternative zum Rauchen zu beschäftigen, fand ich im Internet einige persönliche Erfahrungsberichte von Umsteigern, meist in Form von eBooks. Ich habe einige davon gelesen. Sie haben mir beim Umstieg sehr geholfen und mir das Gefühl gegeben, mit meinen Fragen und Problemen nicht allein zu sein. Ohne sie hätte ich vielleicht schon sehr bald aufgegeben. Im Rahmen der Entscheidungsfindung, Vorbereitung und Umsetzung der PVA hätte ich mir auch so etwas gewünscht. Also habe ich mich Anfang November 2020, als meine PVA mit der sonnenFlat seit zwei Wochen lief und ich die erste Umsatzsteuervoranmeldung abgeben musste, entschieden, meine Erfahrungen in Form eines Blogs/Erfahrungsberichtes aufzuschreiben. Es wird noch wachsen und wachsen, und ich hoffe, der eine oder andere, der sich gerade erst entschieden hat, einen ähnlichen Weg wie ich einzuschlagen, kann davon profitieren.

Vielleicht fällt dieses Buch ja auch dem einen oder anderen Politiker in die Hände bzw. in den eBook-Reader. Dann hoffe ich, dass meine Ausführungen etwas zur Sensibilisierung beitragen kann. Die Politik setzt sich ja den Klimaschutz als hohes Ziel. Sie wünscht sich, dass sehr viel mehr Privatpersonen in erneuerbare Energien investieren. Auch wenn mein Buch eigentlich die Bedenken ausräumen möchte, dass mit der Solaranlage eine schier kaum zu bewältigende Flut von Arbeit verbunden ist, bin ich davon überzeugt, dass viele Interessenten wegen der vielen behördlichen Meldungen und dem steuerlichen Aufwand von der Installation einer Solaranlage absehen. Dabei sind die Einnahmen des Fiskus durch Umsatzsteuer eher marginal. Die Einkommensteuer wird in den meisten Fällen gar keine Einnahmen für Vater Staat bringen. Obwohl in diesen Fällen die Finanzämter nach der Abgabe der ersten Einkommensteuererklärung Liebhaberei feststellen und auf künftige Steuererklärungen zur Photovoltaikanlage verzichten werden, muss sich der private Betreiber erst einmal viele Stunden lang mit der umfangreichen Rechtsmaterie beschäftigen. Dazu empfehle ich Politikern in verantwortlicher Position allein nur meine Berichte zur Ermittlung der steuerlich maßgeblichen Werte für den Eigenverbrauch oder auch für den Leistungsaustausch im Rahmen einer „Stromcloud“. Eigentlich ein Wahnsinn und für Otto Normalverbraucher eigentlich nicht zumutbar, sich die Regelungen in mühsamer Kleinarbeit zusammenzusuchen (wenn man nicht glücklicher Besitzer dieses Buches ist :-)) Meiner Meinung nach wäre eine Befreiung von der Umsatzsteuer (auch ohne die Kleinunternehmerregelung und auch für die Anschaffungskosten) und von der Einkommensteuer die einfachste staatliche Förderung.

Im vergangenen Jahr (2020) wurden in Deutschland rund 184.000 neue Solarstromanlagen mit einer Leistung von rund 4,9 Gigawatt neu errichtet. Gegenüber dem Vorjahr stieg die neu installierte Photovoltaikleistung damit um 27,6 Prozent, teilte der Bundesverband Solarwirtschaft (BSW) auf Grundlage von Daten der Bundesnetzagentur mit. Besonders stark zog demnach die Nachfrage bei Eigenheimbesitzern an. Hier registrierte der Branchenverband gegenüber 2019 ein Plus von 99 Prozent und damit nahezu eine Verdoppelung der Nachfrage. Und immer wieder diskutiert man aktuell in der Politik, künftig bei Neubauten die Bauherren zu verpflichten, Solaranlagen zur Stromerzeugung zu errichten. Und letztendlich wächst die sonnenCommunity laut sonnen derzeit um 700 bis über 1000 Mitglieder wöchentlich. Das Thema wird also aktuell bleiben. Wenn nur einige von den Lesern sich durch dieses Buch etliche Stunden an eigener Recherche und eigene Berechnungen mit dem „Taschenrechner“ ersparen können, hat sich meine Arbeit gelohnt.

B. Die Entscheidung, sich Angebote über eine PVA einzuholen

Im Herbst 2019 stolperte meine geliebte Ehefrau beim Stöbern im Internet über eine Werbeanzeige. Darin wurde eine sogenannte Balkonsolaranlage angeboten. Ein einzelnes Solarmodul, womit man den Strom einfach über eine Steckdose in die Wohnung einspeisen kann.

Nun haben wir gar keinen Balkon, und auf die Terrasse oder den wackeligen Carport wollte ich mir so ein Teil nicht stellen. Damit war aber ein Gedanke in mein Gehirn gepflanzt, der mich nebenbei immer wieder beschäftigte. Wie es nun einmal bei facebook so ist, wenn man sich einmal eine Werbeanzeige näher betrachtet hat, werden einem ständig gleichartige „News" präsentiert.

Ende Februar 2020 habe ich mich dann etwas ernster mit dem Gedanken (noch nicht mit dem Thema Solarenergie an sich) beschäftigt. Schließlich standen die sonnenreichen Jahreszeiten vor der Tür, mein Stromtarif war gerade erhöht worden und die „News" erschienen immer noch bei facebook. Ich habe also beschlossen, erst einmal so einen unwiderstehlichen Angebotsvergleich in Anspruch zu nehmen. Ich wollte mich einfach nur mal überraschen lassen, was da für Angebote – aus Ihrer Region und von namhaften überregionalen Anbietern – kommen werden. Und in welchen finanziellen Dimensionen man sich beim Kauf einer PVA so bewegt. Zu guter Letzt würden wir uns ein Angebot von einem guten Bekannten aus der Volleyballmannschaft meiner Gattin machen lassen. Wir wussten zu dieser Zeit, dass er als Verkaufsleiter bei einem Solarinstallateur in unserer Gegend arbeitet, aber nicht genau bei welchem. Wie gesagt, da hatte ich noch keine Ahnung von irgendwas, sondern wollte „nur mal gucken". Die Strompreise werden wohl auch nicht sinken und wir hatten gerade was auf der „hohen Kante". Und so nahm das Schicksal seinen Lauf….

C. Die Angebote

C1 Die ersten Angebote zur Orientierung

Nachdem ich mich also Anfang März 2020 bei dieser Internetseite, von dessen Seriosität ich mich zunächst überzeugt hatte, den letzten Jahresstromverbrauch, Dachausrichtung und -neigung, PLZ, E-Mail-Adresse und Telefonnummer eingegeben hatte, kam natürlich nicht sofort das Ergebnis, wieviel Kosten, Ersparnis und Arbeit auf mich warten, sondern das Versprechen, dass man mich in den nächsten Tagen kontaktieren würde. Sollen sie ruhig, dachte ich, ist ja alles unverbindlich. Aber wird es auch zufriedenstellend sein?

Am nächsten Tag erhielt ich eine E-Mail, „wir freuen uns, dass wir für die Umsetzung Ihres Projekts passende Fachfirmen in Ihrer Nähe gefunden haben. Zur Erstellung eines Angebots werden sich die Unternehmen mit Ihnen in Verbindung setzen.“ Aufgeführt war aber – zunächst - nur eine Firma aus Köln, die sich am selben Tag auch telefonisch meldete. Ob ich mir denn auch vorstellen könnte, in eine noch innovativere Technik zu investieren, nämlich in ein Klein- Blockheizkraftwerk basierend auf Wasserstofftechnik, gleichzeitig auch Heizung. Jetzt war ich natürlich verunsichert und veranlasst, mich auch mit dieser Thematik auseinanderzusetzen. Letztlich führte das dazu, dass ich mich später erst einmal von der Verbraucherzentrale beraten ließ.

Ein Kontakt zu einem Solaranlageninstallateur aus Bayern wurde aber auch noch hergestellt. Die Angebotserstellung lief ausschließlich – ob wegen der Entfernung oder wegen der Coronamaßnahmen weiß ich nicht – per E-Mail.

Zeitgleich hatte ich auch online bei einem heftig im Internet werbenden „start up“ ein Angebot angefragt. Dieses Unternehmen wirbt: „Wir sind ein digitaler Handwerksbetrieb. xxx ist kein herkömmlicher Online-Anbieter. Wir verbinden das

Beste aus der Welt des Internets mit der Welt des Handwerks. Bei uns erhält der Kunde von der Planung bis zur Installation der Solaranlage alles aus einer Hand." Ich war und bin auch von dieser Firma recht überzeugt. Der Online- Konfigurator ist top, man erhält am Ende ein Festpreisangebot zu einem sehr guten Preis- Leistungsverhältnis. Hätten wir uns nicht für sonnen entschieden, wäre diese Firma unsere erste Wahl gewesen.

Jetzt hatte ich also die ersten zwei Vorabangebote über eine PVA und einen Beratungstermin zu einem Blockheizkraftwerk, und die Verunsicherung wuchs. Ich beschloss daraufhin, mich von der Verbraucherzentrale beraten zu lassen. Freitags angerufen, habe ich schon für den folgenden Dienstag einen Termin erhalten.

C2. Energieberatung in der Verbraucherzentrale

Ich suchte also meine Strom- und Gasrechnungen der letzten drei Jahre zusammen und ließ mich beraten. Vom Klein-Blockheizkraftwerk riet die nette Dame von vornherein ab. Die Technik sei für ein Einfamilienhaus aus ihrer Sicht noch nicht ausgereift und müsste sich erst in den nächsten Jahren noch entwickeln. Meine 19 Jahre alte Gas- Brennwerttherme könne aber noch locker fünf bis sechs Jahre laufen, dann würde sie mir empfehlen, mich über eine Luft- Wasser- Wärmepumpe oder eine Hybridtherme zu informieren. Ein netter Nebeneffekt war, dass sie auch feststellte, dass ich seit mindestens drei Jahren keinen Tarifvergleich für Gas gemacht habe. Allein ein Telefonat bei meinem Anbieter nach erfolgtem Internetvergleich brachte eine sofortige Tarifumstellung mit einer jährlichen Ersparnis von 300 €.

Als nächstes überschlug sie die jährliche Ersparnis einer PVA mit einer Leistung von ca. 6 kWp. kWp steht für das Leistungsmaß Kilowatt-Peak. Es gibt an, welche Höchstleistung in Kilowatt (kW) eine Photovoltaikanlage erbringen kann. Die Dame erklärte mir ferner, was es mit der Globalstrahlung und dem anlagenspezifischen Jahresertrag auf sich hat, und dass ich deshalb mit einer Jahresproduktion von ca. 5.400 kWh rechnen könne. Konservativ ging sie von einem Eigenverbrauch von 1.050 kWh (a 0,30 € = 315 € Ersparnis) und 4.350 kWh Netzeinspeisung (a ca. 0,09 € = 391,50 € Einspeisevergütung) aus, insgesamt also eine jährliche Ersparnis von mindestens 706,50 €. Auch die Möglichkeit, sich die Umsatzsteuer der Anschaffungskosten bei Verzicht auf die Kleinunternehmerregelung (KUR) vom Finanzamt zurück zu holen und nach fünf Jahren dann doch in die KUR zu wechseln, hat die nette Dame angesprochen. Ein Speicher würde sich nur bei einem entsprechenden Nachtverbrauch von mindestens 3 kWh lohnen. Hierfür riet sie, mal für eine Woche den verbrauchten Strom über 12 Nachtstunden, also von 19 bis 7 oder 20 bis 8 Uhr zu messen. Dann würde sich ein Speicher, natürlich auch abhängig vom Preis, mit einer Kapazität bis zu 6 kWh eventuell lohnen. Schließlich empfahl sie mir noch den PV-Rechner der Energieagentur NRW (https://www.energieagentur.nrw/tool/pv-rechner/) mit dem man recht realistisch eine Prognose für das jeweilige Angebot durchrechnen könne.

Alles in allem war ich recht zufrieden mit dem Gespräch. Ich fühlte mich zumindest in dem Vorhaben bestätigt. Der PV-Rechner wurde in den nächsten Monaten zu einem ständigen Begleiter. Daneben fand ich aber auch die Wirtschaftlichkeitsberechnung der Firma TST Solarstrom sehr übersichtlich und hilfreich (https://www.tst-solarstrom.de/wirtschaftlichkeitsberechnung/).

Wir haben uns in abendlichen Gesprächen dazu entschlossen, möglichst viel vom erzeugten Strom auch selbst zu verbrauchen (hoher Eigenverbrauch und hohe Autarkie) und daher uns immer Angebote sowohl mit als auch ohne Speicher erstellen lassen. Uns war und ist eine relativ hohe jährliche Ersparnis wichtig, dafür nehmen wir auch höhere Investitionskosten zu Beginn und eine spätere Amortisierung in Kauf. Der PV-Rechner ergab bei uns einen Eigenverbrauch von ca. 60 % mit Speicher. Bei einer Jahresproduktion von ca. 5.400 kWh kommen wir somit auf einen Eigenverbrauch von 3.240 kWh (a 0,30 € = 972 € Ersparnis) und 2.160 kWh Netzeinspeisung (a ca. 0,09 € = 194,40 € Einspeisevergütung), insgesamt also auf eine jährliche Ersparnis von mindestens 1.166,40 €. Die Messung des Nachtverbrauches ergab immer einen Mindestverbrauch von 4 kWh in den 12 Nachtstunden, so dass ein Speicher sich wohl lohnen könnte. Sollten die Stromkosten stärker als prognostiziert steigen, würde er sich auch schneller amortisieren. Voraussetzung für einen Speicher war aber immer auch ein öffentlicher Zuschuss. Die ILB (Investitionsbank des Landes Brandenburg) bietet im Rahmen des Kleinspeicherprogramms 30 % Zuschuss. Der erste Aufruf wurde derzeit gerade bearbeitet, der zweite sollte zum Ende des Frühjahrs erfolgen. Sicherheitshalber habe ich mich zeitgleich schon einmal bei der ILB registriert. Durch das Abonnement des themenspezifischen Newsletters hat sie mir zugesichert, dass ich über den Start der zweiten Runde des Kleinspeicherprogramms automatisch informiert würde. Auch über meine Erfahrungen mir der ILB werde ich hier noch berichten.

C3. Angebote regionaler Anbieter

Bei einem Online-Anbieter und einem Installateur, der mehr als 500 km entfernt seinen Firmensitz hat, hatte ich Bedenken, dass es bei Problemen während und nach der Installation der PVA schwierig ist, zeitnah einen Ansprechpartner und eine Problemlösung zu bekommen. Diese Befürchtung wurde auch durch entsprechende Bewertungen im Internet verstärkt. Dementsprechend war es naheliegend, auch zwei bis drei Angebote von Installateuren aus der Region einzuholen.

Ich nahm also Kontakt zu einer Firma aus unserem Städtchen und einer aus der Nachbargemeinde auf. Letztere hat sich leider sehr viel Zeit mit einer Antwort gelassen, so dass sie schon sehr schnell aus dem Rennen war.

Mit der ortsansässigen Firma lief der Kontakt – wie bei den bisherigen Angeboten auch – ausschließlich per E-Mail und Telefon. Hier zur Anschauung der „Anforderungskatalog" zur Angebotserstellung:

- Ansichten / Fotos vom Dach und der Umgebung (wegen möglicher Verschattung
- Angaben zur Bemaßung der Dachfläche (am besten Ziegelreihen-Abstände und Ziegelbreite angeben)
- Sparrenabstände / Sparrenstärke / Angabe zur Dachneigung
- Art der Dacheindeckung (Reserveziegel vorhanden?)
- Fotos vom offenen Zählerschrank / Potentialausgleichschiene / Zählernummer
- Wärmepumpenzähler vorhanden ?
- Speichersystem gewünscht / mit Notstromfunktion?
- Angaben zum Strom- und Grundpreis (Angaben in Brutto oder Netto)
- Angaben zum Stromverbrauch
- Elektroauto vorhanden? (wenn ja, Typ und Laufleistung angeben)
- Spezielle Wünsche zu den Modulanbietern oder Wechselrichteranbietern?
- Blitzschutz auf dem Dach vorhanden ?

Nach Beantwortung der Fragen habe ich innerhalb einer Woche ein verbindliches Angebot mit Wahloptionen hinsichtlich des Speichers erhalten. Es war eine sehr angenehme und vertrauenerweckende Kommunikation. Das Angebot beinhaltete aber nur eine Leistung der PVA von 5 kWp und Batterieoptionen von 6,5 bis 13,0 kWh Kapazität.

C4. Überregionaler Cloud- Anbieter

In vielen Artikeln und Forumsdiskussionen wird von Cloud-Paketen abgeraten, da sie unwirtschaftlich sein sollen oder man sich zu sehr an einen Anbieter bindet. Ich wollte mir jedoch ein eigenes Bild machen. Ich stolperte über eine Anzeige eines „big players" aus München auf dem deutschen Strommarkt und forderte Anfang April 2020 ein Angebot an. Zum ersten Mal kam es dabei, nachdem ich noch ein paar Angaben gemacht und Fotos vom Haus und Zählerschrank übermittelt hatte, zu einem persönlichen Beratungsgespräch. Kleiner Hinweis am Rande: Planen Sie für ein solches Gespräch ruhig zwei Stunden oder mehr ein!

Der Anbieter warb hauptsächlich mit der sehr hohen Produktqualität der eigenen Module und des eigenen Speichers, sowie deren langer Garantielaufzeiten – die sich im Nachgang aber gar nicht als so außergewöhnlich erwiesen. Das Angebot erging dann über eine PVA mit einer Leistung von 5,2 kWp und einem Speicher von 5,1 kWh.

Die Idee der Cloud und seine Bedingungen waren folgendermaßen:

Man tritt die Einspeisevergütung an den Anbieter ab. Für einen Fixpreis von 27,99 € ist dann ein zusätzlich benötigter Netzbezug bis zu einem erwartetem Gesamtverbrauch von 4.000 kWh/Jahr abgegolten. Für darüber hinausgehende bezogene Strommengen bis zu 1.500 kWh/Jahr zahlt man 14,64 ct/kWh und 26 ct/kWh für Strommengen oberhalb von 1.500 kWh/Jahr.

Im Vergleich zur Einspeisevergütung und „normalem" Netzbezug für den Reststrombedarf würden sich folgende Kosten ergeben:

Laut PV-Rechner ergäbe diese Anlage einen Jahresertrag von 4.529 kWh, einen Eigenverbrauch von 2.298 kWh und eine Netzeinspeisung von 1.631 kWh.

Normaler Netzbezug:

Einnahmen Netzeinspeisung: 1.631 x 0,09 € = 146,79 €

Kosten Netzbezug lt. Verivox für 1.702 kWh: 550,00 €

Gesamtkosten: 403,21 €

Cloud:

Jahreskosten Cloud: 335,88 €

Damit ist die Cloud 67,33 € günstiger im Jahr. Die Preise für den über einem Gesamtverbrauch von 4.000 kWh/Jahr liegenden Strombedarf sind natürlich unschlagbar. Eine höhere Netzeinspeisung bzw. ein geringerer Eigenverbrauch können die Ergebnisse allerdings verändern. Ebenso bekommt man wohl bei einem geringeren Gesamtverbrauch keine anteilige Rückvergütung von diesem Anbieter.

C5. Der Angebotsvergleich

Nun stand ich also Ende April da mit meinen Angeboten mit vielen Daten und Zahlen. Die Frage war nun, wie ich das ganze bewerte. Für einen ersten Überblick und für die Erlangung eines gewissen Grundwissen habe ich mich auf den Internetseiten von „Finanztip“ eingelesen. Insbesondere durch folgende Artikel habe ich mich gut informiert gefühlt:

- Photovoltaik: Mit eigenem Solarstrom Geld sparen
- Stromspeicher: Sonnenstrom im Akku speichern

Von der Technik der Module hatte und habe ich keine Ahnung. Ich dachte, dass ich vielleicht irgendwo Testberichte bzw. Vergleichstests hierzu finde. Pustekuchen, das gibt es nicht, aus welchen Gründen auch immer. Also habe ich beschlossen, den versprochenen hohen Qualitäten zu vertrauen. Wenn, dann könnten die eventuellen Unterschiede in der Leistungsgarantie (da unterscheiden sie sich alle nicht wesentlich voneinander) und der Produktgarantie (variieren von 10 bis 25 Jahre) von Bedeutung sein.

Als Wechselrichter haben alle Anbieter wegen der Verschattung und den damit verbundenen notwendigen Leistungsoptimierern einen SolarEdge angeboten.

Als nutzbare Speicherkapazität kam für mich bei der Batterie irgendwas zwischen 5 und 6,5 kWh in Frage. 15 bis 20 Jahre sollte eine Batterie in Betrieb sein, damit sich die Anschaffung rechnet. Ob das die Geräte tasächlich leisten, wird sich zeigen – Erfahrungen mit den ersten kleinen Heimspeichern aus Lithium-Ionen-Zellen gibt es erst seit zehn Jahren. Wichtig war für mich die sogenannte Zyklenfestigkeit. Sie gibt an, wie häufig ein Speicher geladen und wieder entladen werden kann, ohne dass dabei die Speicherkapazität stark einbricht. Pro Jahr durchläuft ein Stromspeicher in Deutschland dabei etwa 250 bis 300 Zyklen. Beträgt die Zyklenzahl unter diesen Voraussetzungen mindestens 6.000, kann eine Batterie bis zu 20 Jahre arbeiten. Schließlich war noch die Garantiezeit ein wichtiges Kriterium. Bei den mir angebotenen Speicher ergab sich hierzu folgendes Bild:

Speicher	Nutzbare Kapazität	Zyklenzahl	Garantiezeit
BYD	4,86 kWh	Keine Angabe	10 Jahre
Varta	5,85 kWh	4.000	10 Jahre
LG Chem	5,9 kWh	6.000	10 Jahre

Demnach wäre zu diesem Zeitpunkt die LG Chem die Wahl der Stunde gewesen.

Zu den einzelnen Angeboten wollte ich zunächst für jedes Angebot eine oben genannte Wirtschaftlichkeitsberechnung durchführen und mir anschließend eine tabellarische Übersicht zu den für mich wichtigen sonstigen Werten machen, um eine gewisse Vergleichbarkeit herzustellen. Für die Wirtschaftlichkeitsberechnung benötigte ich folgende Daten:

- Generatorleistung in kWp
- Jahresertrag je kWp inst. Generatorleistg. (kWh)
- (erwartete) Einspeisevergütung pro kW in Euro
- Nettobetrag des Angebots (bei KUR- Verzicht, abzgl. Zuschüsse)
- Eigenverbrauch in Prozent
- Strompreis Eigenverbrauch
- geschätzte durchschnittliche jährliche Strompreissteigerung

Als „Jahresertrag je kWp inst. Generatorleistg. (kWh)“ habe ich den regionalen Anlagen-Durchschnitt (kWh pro kWpeak pro PV-Anlage) aus der Internetseite https://www.pv-ertraege.de/cgi-bin/pvdaten/src/region_uebersichten.pl/kl zugrunde gelegt. Er betrug derzeit 925 kWh je kWp installierter Anlagenleistung für meine Region. Der Wert erschien mir realistischer als der aus dem PV-Rechner oder den Angeboten.

Den Eigenverbrauch in Prozent der jeweiligen Anlage habe ich dem PV-Rechner entnommen.

Als Strompreis für den Eigenverbrauch kann man entweder den Preis des noch aktuell bezogenen Stroms zugrunde legen oder den erwarteten nach Installation der PVA. Dabei muss man natürlich einen eventuellen Grundpreis auf die kWh umrechnen. Wählt man die Umsatzsteuerpflicht, weil man sich die gezahlte Umsatzsteuer aus dem Kauf der PVA vom Finanzamt erstatten lassen möchte (dazu später mehr, siehe auch Abschnitt C2.), dann nimmt man den Nettopreis, macht man dagegen von der KUR Gebrauch, nimmt man den Bruttopreis. Ich habe den Preis des seinerzeit noch aktuellen Stromlieferanten netto zugrunde gelegt: 0,235 €/kWh.

Schließlich habe ich bewusst eine sehr konservative durchschnittliche jährliche Strompreissteigerung von 2% geschätzt. Die meisten Anbieter legen 3% zugrunde, in den letzten zwanzig Jahren betrug sie sogar durchschnittlich mehr als 6%.

Für den Online-Anbieter ergab sich so zum Beispiel folgende Wirtschaftlichkeitsberechnung:

Wirtschaftlichkeitsabschätzung ohne Gewähr:		Ihr Gewinn*: 10.197 EUR
Anlage	Online Anbieter	[illegible]
		Stromeinspeisung und Steuerersparnis
Generatorleistung in kWp	6,03	abzgl. Einkommensteuer auf Stromeinn.
Jahresertrag je kWp inst. Generatorleistg. (kWh)	925	incl. Zinsen für die Zwischenfinanzierung
Einspeisevergütung pro kW in Euro	0,09	
		Eigenverbrauchsanteil: 60 %
		Strompreissteigerung: 2 %
		Ihr durchsch. Strompreis: 0,33 € €
		Durchschnittlicher Wirkungsgrad WR 95 %!
		zuzüglich Wirkungsgradverbesserung
Nettobetrag des Angebots	14351,97	abzgl. Wartungs- und Versicherungskosten
geschätzte Kosten für Montage, Elektroarbeiten und sonstiges Elektromaterial, das nicht im Angebot enthalten ist		
= gesamte Investitionskosten	14351,97	*Gilt bei vollständigem Eigenverbrauch des vom
Eigenverbrauch in Prozent	60	EVU nicht vergüteten Stroms
Strompreis Eigenverbrauch	0,235	
Bitte füllen Sie die grün hinterlegten Zellen aus: Das Programm rechnet Ihnen Ihren Gewinn über 20 Jahre aus!		Bei Speicher Rücklage für Ersatz nach 15 Jahren (ca. 2500€) 167,00 Euro pro Jahr Für Wartung/Reparatur werden 100€ jährlich angesetzt 100,00 Euro pro Jahr

Jahre	Einspeise-vergütung in EUR	Eigen-verbrauch EUR	Tilgung	Rest-darlehen	Zinsen 0,00 %	Einnahmen	Einnahmen- Zins- und Tilgung-Kosten	Mehr Ertrag in EUR	*Ihr Konto-stand:*
1. Jahr	201	1088	0	14352	0	1289	1022	1088	1022
2. Jahr	201	1088	1595	12757	0	1289	-573	1088	450
3. Jahr	201	1088	1595	11163	0	1289	-573	1088	-123
4. Jahr	201	1088	1595	9568	0	1289	-573	1088	-695
5. Jahr	201	1088	1595	7973	0	1289	-573	1088	-1268
6. Jahr	201	1088	1595	6379	0	1289	-573	1088	-1841
7. Jahr	201	1088	1595	4784	0	1289	-573	1088	-2413
8. Jahr	201	1088	1595	3189	0	1289	-573	1088	-2986
9. Jahr	201	1088	1595	1595	0	1289	-573	1088	-3558
10. Jahr	201	1088	1595	0	0	1289	-573	1088	-4131
11. Jahr	201	1088				1289	1022	1088	-3109
12. Jahr	201	1088				1289	1022	1088	-2086
13. Jahr	201	1088				1289	1022	1088	-1064
14. Jahr	201	1088				1289	1022	1088	-42
15. Jahr	201	1088				1289	1022	1088	980
16. Jahr	201	1088				1289	1022	1088	2002
17. Jahr	201	1088				1289	1022	1088	3024
18. Jahr	201	1088				1289	1022	1088	4046
19. Jahr	201	1088				1289	1022	1088	5068
20. Jahr	201	1088				1289	1022	1088	6091
21. Jahr	0	1088				1088	821	1088	6912
22. Jahr	0	1088				1088	821	1088	7733
23. Jahr	0	1088				1088	821	1088	8555
24. Jahr	0	1088				1088	821	1088	9376
25. Jahr	0	1088				1088	821	1088	10197
Gesamt	4016	27208	14352		0	31224	10197	27208	10197

Die tabellarische Übersicht sollte dann folgende für mich sonstige wichtige Werten enthalten:

- Generator Leistung in kWp
- Nettokosten
- Bruttokosten ohne Zuschuss
- Prozent Eigenverbrauch
- Jährliche durchschnittliche Einspeisung in €
- durch Eigenverbrauch durchschnittlich gesparte jährliche Kosten
- Gewinn über 25 Jahre

Die steuerlichen Auswirkungen habe ich zu diesem Zeitpunkt noch unberücksichtigt gelassen. Die Übersicht sah dann folgendermaßen aus:

Angebot	Speicher J/n	Zuschuss J/n	Generator Leistung In kWp	Nettokosten	Bruttokosten Ohne Zuschuss	Prozent Eigen Verbrauch	Jährl. Durchschnitt Einspeisung €	Eigenverbrauch Durchschn. Gespart Jährl.	Gewinn Über 25 Jahre
Online ohne Speicher	n		6.03	10.328,00 €	12.290,32 €	29	356,42 €	526,02 €	7.450,97 €
Online mit Speicher u Zuschuss	j	j	6.03	13.162,00 €	18.042,78 €	60	200,80 €	1.088,33 €	11.387,14 €
Online mit Speicher o Zuschuss	j	n	6.03	15.162,00 €	18.042,78 €	60	200,80 €	1.088,33 €	9.387,14 €
Bayer ohne Speicher	n		6.03	9.500,00 €	11.305,00 €	29	356,42 €	526,02 €	8.278,97 €
Bayer mit Speicher u Zuschuss	j	j	6.03	11.300,00 €	15.470,00 €	60	200,80 €	1.088,33 €	13.249,14 €
Bayer mit Speicher o Zuschuss	j	n	6.03	13.000,00 €	15.470,00 €	60	200,80 €	1.088,33 €	11.549,14 €
Lokal ohne Speicher	n		5.2	9.308,35 €	11.076,94 €	32	294,37 €	500,55 €	6.592,74 €
Lokal mit Speicher u Zuschuss	j	j	5.2	14.090,64 €	18.909,86 €	67	142,86 €	1.048,02 €	8.291,95 €
Lokal mit Speicher o Zuschuss	j	n	5.2	15.890,64 €	18.909,86 €	67	142,86 €	1.048,02 €	6.491,95 €
Big Player mit Speicher o Zuschuss	j	n	5.3	15.650,86 €	18.624,52 €	67	145,60 €	1.068,17 €	7.290,53 €
Big Player mit Speicher u Zuschuss	j	j	5.3	13.850,86 €	18.624,52 €	67	145,60 €	1.068,17 €	9.090,53 €
Big Player ohne Speicher	n		5.3	11.150,00 €	13.268,50 €	32	300,03 €	510,17 €	5.104,95 €
Onlineneu mit Speicher u Zuschuss	j	j	6.03	13.046,83 €	17.429,72 €	60	200,80 €	1.088,33 €	11.502,31 €
Onlineneu mit Speicher o Zuschuss	j	n	6.03	14.646,83 €	17.429,73 €	60	200,80 €	1.088,33 €	9.902,31 €
Onlineendgültig mit Speicher u Zusc	j	j	6.03	14.351,97 €	18.983,00 €	60	200,80 €	1.088,33 €	10.197,17 €

Bei allen berücksichtigt:

Bei Speicher Rücklage für Ersatz nach 15 Jahren (ca. 2500€, 167€ jährl.)

Für Wartung/Reparatur werden 100€ jährlich angesetzt

Soweit die nackten Zahlen. Demnach war der bayerische Anbieter der finanziell attraktivste. Ein in meinen Augen ordentlicher Gewinn ergibt sich aber bei allen Angeboten. Wichtiger waren und sind mir aber

- gute Bewertungen
- ein gut erreichbarer Ansprechpartner vor Ort
- hoher Eigenverbrauch und hohe Autarkie
- hohe jährliche Ersparnis
- lange Garantiezeiten
- ein „gutes Bauchgefühl" nach der bisherigen Kommunikation

Der Bayer war damit wegen der Entfernung und der Bewertungen aus dem Rennen, der Big Player auch wegen des unbekannten späteren Ansprechpartners aber auch vom Bauchgefühl. Online- und Lokal- Anbieter waren gleichauf, so dass zwischen ihnen wahrscheinlich die Wirtschaftlichkeit zugunsten des Online- Anbieters entschieden hätte. Sein Sitz ist in der Nachbarstadt und einen persönlichen Berater hatte man während der Angebotserstellung auch, so dass man den Aspekt des Ansprechpartners vor Ort eventuell hätte vernachlässigen können. Erwähnenswert finde ich in diesem Zusammenhang auch deren kundenfreundlichen Zahlungsbedingungen:

Die vom Kunden zu leistende Vorauszahlung in Höhe von 500,- € wird 7 Tage nach Erklärung des Angebots durch den Kunden (Ziffer 1.5 der AGB) und entsprechender Information an den Kunden zur Zahlung fällig. 80% des Restbetrags fallen dann mit der Montage der Komponenten (Solarmodule und Wechselrichter) und 20% des Restbetrags mit Inbetriebnahme der Anlage und / oder Zählerwechsel oder Abnahme durch den Netzbetreiber an, insofern kein Zählerwechsel notwendig ist.

Die übrigen Anbieter fordern dagegen grundsätzlich 50% bei Auftragsbestätigung und 50% nach Inbetriebnahme der PVA. Inbetriebnahme bedeutet in diesem Zusammenhang die Fertigstellung seitens des Installateurs. Dieses Datum meldet der Anlagenbetreiber (also der Kunde) dann auch der Bundesnetzagentur für das Marktstammdatenregister und dem Netzbetreiber für die Festsetzung der Einspeisevergütung. Dieser Zeitpunkt ist also entscheidend für die Höhe derselben. Die „Freigabe“ vom Netzbetreiber und der ggf. erforderliche Zählerwechsel sind zu diesem Zeitpunkt noch nicht erfolgt. Aber erst wenn dies geschehen ist, darf die PVA Strom produzieren (Inbetriebsetzung).

C6. sonnen GmbH

Über den Newsletter der Onlineplattform PV magazine (nicht wie eigentlich geplant von der ILB selbst) habe ich am 22. Juni 2020 erfahren, dass ab sofort wieder Anträge für die Förderung von Photovoltaik-Heimspeicher in Brandenburg gestellt werden könnten, begrenzt auf eine Anzahl von 500 Speichern. Also habe ich am 23. Juni 2020 – zunächst auf dem Angebot des Online-Anbieters basierend – einen Förderantrag gestellt. Wie oben bereits erwähnt, haben wir einen guten Bekannten, der als Verkaufsleiter bei einem Solarinstallateur in unserer Gegend arbeitet. Wir wollten ihn aber erst „ins Boot holen", nach dem der zweite Aufruf des Kleinspeicherprogramms der ILB gestartet war und uns die Eingangsbestätigung unseres Förderantrags vorlag. Damit war man auf der sicheren Seite, dass man unter den 500 Bezuschussten ist, wenn die sonstigen Voraussetzungen des Förderprogramms erfüllt sind. Ende Juni 2020 war es dann soweit.

Unser Bekannter hat sich im Vorfeld unsere bisher favorisierten Angebote des Online- und Lokal- Anbieters angesehen, am 30. Juni 2020 haben wir uns dann zusammen gesetzt. Er hat mich davon überzeugt, dass die Module und die Batterien nicht unbedingt die beste Wahl waren. Dabei ging es um Garantie und vor Allem auch um die Sicherheit.

Unser Bekannter legte großen Wert auf Vertrauen. Er betonte, alles was er behaupte, könne er auch nachweisen und alles was er verspreche, halte er auch ein. Schließlich seien wir gut miteinander bekannt, wir wüssten, wo er wohne und hätten sowohl seine Privat- als auch seine Dienstnummer und er wüsste, wenn er Mist baue, könnte er von uns eine aufs Maul bekommen (Achtung: Scherz!).

Er hat dann unsere Dachfläche laser-vermessen, sich unseren Dachboden und den Keller angeschaut, in dem der Wechselrichter und die Elektroinstallation inklusive Batteriespeicher hinkommen sollten. Dabei wurde auch die Kabelverlegung von den Modulen bis in den Keller besprochen. Man kann nämlich, was ich bis dahin gar nicht auf „dem Schirm hatte", die Kabel durch die Geschossdecken legen, was natürlich entsprechende Bohrungen im Haus erfordert. Oder man verlegt sie über das Dachgeschoss und an der Hausaußenwand entlang und von dort seitlich in den Keller. Wir haben uns für letzteres entschieden. Wir brauchten aufgrund der gesetzlichen Bestimmungen auch einen zusätzlichen Zählerschrank, was bei den bisherigen Angeboten trotz Fotos des vorhandenen auch noch nicht festgestellt worden war.

Anschließend ging es um die Auswahl der „Hardware". Zunächst hat er uns Module von Panasonic, LG Solar und Sunpower kurz vorgestellt. Wie bereits oben erwähnt, wollte ich mich nicht mit technischen Details beschäftigen und habe den Bekannten gerade heraus um einen Vorschlag mit einem guten Preis-/Leistungsverhältnis gebeten. Es lief dann auf 24 Panasonic HIT- 250 Wp VBHN250SJ25 Module mit einer Gesamtleistung von 6,0 kWp hinaus, die wegen ihrer kompakten Größe auch für die beste Dachauslastung sorgten. Durch eine recht große Gaube, die zudem bereits mit Solarthermie belegt war, ergeben sich viele Schrägen und Winkel, die für „normal" große Standardmodule an einigen Stellen nicht genügend Platz ließen. Sowohl die Leistungsgarantie als auch die Produktgarantie haben eine Laufzeit von 25 Jahren. Längere Laufzeiten habe ich bisher nicht gesehen.

Als Wechselrichter stand wegen der Verschattung ja schon der SolarEdge SE 7k und die Verwendung entsprechender Leistungsoptimierer fest.

Die Anschaffung eines Batteriespeichers stand auch schon fest, der Antrag auf den Zuschuss war ja bereits bei der ILB gestellt. Die Firma unseres Bekannten bietet ausschließlich die sonnenBatterie an. Diese ist ein Lithium-Eisenphosphat-Akkumulator. Im Gegensatz zu herkömmlichen Lithium-Ionen-Zellen mit Lithium-Cobalt(III)-Oxid (LiCoO2) wird bei der chemischen Reaktion kein Sauerstoff freigesetzt. Dieser kann bei Lithium-Ionen-Akkumulatoren mit Lithium-Cobaltoxid-Kathoden zum thermischen Durchgehen führen, was unter ungünstigen Bedingungen zum selbstständigen Entflammen der Zelle führt. Auf gut Deutsch gesagt: Die Brandgefahr der sonnenBatterie geht gegen null. Zudem ist die sonnenBatterie mit 10.000 Ladezyklen auf eine hohe Lebensdauer von 20 Jahren ausgelegt. Bemerkenswert hierbei ist das selbstlernende, vorausschauende Ladeverhalten, welches eine intelligente Software aus dem Hause sonnen möglich macht. Wir haben uns für unsere Verhältnisse ausgewogen für die sonnenBatterie mit einer nominalen Batteriekapazität von 5,5 kWh und einer nutzbaren Batteriekapazität von 5 kWh entschieden.

Abschließend noch zur sonnenFlat: Unser Bekannter hat darauf hingewiesen, dass er die sonnenFlat nicht direkt mit uns abschließen würde, sondern unsere Daten bei Interesse an die sonnen GmbH weiterleiten würde. Er hat uns lediglich das Prinzip mit den zu erwartenden Werten erläutert:

- Wir treten unsere Einspeisevergütung an die Sonnen GmbH ab.
- Im Gegenzug bekommt man eine jährliche Freistrommenge zur Verfügung gestellt. sonnen fungiert hier also als Stromversorger. In unserem Fall ist er von ca. 500 kWh ausgegangen.
- Für den oberhalb der Freistrommenge aus dem Netz bezogenen Strom zahlt man einen – regional unterschiedlichen – festen Betrag pro kWh, in unserem Fall 28,1 Cent.
- Maximal 10% der Batteriekapazität stellen wir für die Netzstabilisierung zur Verfügung. Hierfür erhalten wir mindestens 75,40 € jährlich (brutto bei 16% USt) als Gewinnbeteiligung. Zusätzlich erhalten wir 28,1 ct/kWh für jede im Rahmen der Netzstabilisierung aus der sonnenBatterie eingespeiste kWh.
- Die sonnenFlat ist mit einer Frist von 30 Tagen monatlich zum Monatsende kündbar.

Laut PV-Rechner (dessen niedrigeres Ergebnis ich an dieser Stelle erst einmal herangezogen habe und nicht die höhere SolarEdge- Prognose) ergäbe diese Anlage einen Jahresertrag von 5.231 kWh, einen Eigenverbrauch von 2.993 kWh und eine Netzeinspeisung von 2.238 kWh. Zugrunde gelegt wird ein eigener Gesamtverbrauch von 4.300 kWh.

Normaler Netzbezug:
Einnahmen Netzeinspeisung: 2.238 x 0,09 € = 201,42 €
Kosten Netzbezug lt. Verivox für 1.307 kWh: 460,00 €
Gesamtkosten: 258,58 €

sonnenFlat:
Kosten Netzbezug sonnenFlat: 807 kWh x 0,281 € = 226,77 €
Gewinnbeteiligung Netzstabilisierung: 75,40 €
Gesamtkosten: 151,37 €

Damit ist die sonnenFlat 107,21 € günstiger im Jahr. Die Preise für den über einem Gesamtverbrauch von 4.300 kWh/Jahr liegenden Strombedarf sind natürlich sehr günstig. Hierbei ist anzumerken, dass die Kosten für die relativ geringe Reststrommenge, die man noch über das Netz beziehen muss, relativ hoch sind, da sich hier die Grundgebühren für die Tarife besonders stark auswirken. Eine höhere Netzeinspeisung bzw. ein geringerer Eigenverbrauch können die Ergebnisse allerdings zu unseren Ungunsten verändern. Ich hoffe allerdings auf das Gegenteil, nämlich eine geringere Netzeinspeisung und einen höheren Eigenverbrauch. Wir werden sehen....
In meinen bereits im Vorwort erwähnten Tabellenkalkulationen habe ich auch die Möglichkeit eingebaut, verschiedene Szenarien einmal hierzu durchzuspielen. In dem entsprechenden Tabellenblatt muss man zunächst im oberen Bereich ein paar grundsätzliche Werte eingeben:

Anschaffungskosten (netto, nur bei KUR brutto)	18.870,30 €	ggf. ohne Speicher, bei Sonnenflat jedoch mit (Siehe Erläuterungen)
Jährlicher Abschreibungsbetrag: Anschaffungskosten / 20 Jahre	943,52 €	
Betriebskosten jährlich geschätzt	150,00 €	
erzeugte Kilowattstunden/Jahr	5.231,00	lt. Angebot/PV-Rechner
Selbstkosten (Abschreibung und Betriebskosten je KWH)	0,2090 €	

Einspeisung kwh	2.238	lt. Angebot/PV-Rechner
Vergütung je kwh	0,0877 €	
Eigenverbrauch kwh	2.993	lt. Angebot/PV-Rechner

Im unteren Teilbereich befindet sich dann die Vergleichsberechnung:

Grober Vergleich Einspeisevergütung/sonnenFlat		
Vorauss. Einspeisevergütung		196,27 €
geschätzter Gesamtverbrauch kWh	4.300,00	
Grundgebühr eines alternativen Stromtarifes	98,55	
Arbeitspreis je Kwh eines alternativen Stromtarifes	27,73	
Kosten eines alternativen Netzbezuges		460,98 €
Gesamtkosten bei Einspeisevergütung		264,71 €
sonnenFlat		
Netzbezug kWh (Erzeugung – Eigenverbrauch – Freistrom)		807
Kosten brutto Netzbezug über sonnen		226,77 €
Batteriebeteiligung netto		75,40 €
Gesamtkosten bei sonnenFlat		151,37 €
Vorteil/Nachteil sonnenFlat		113,34 €

Hinweis: In der fünften Zeile von unten muss es statt „Erzeugung" „Gesamtverbrauch" heissen.

Diese Tabelle wurde inzwischen überarbeitet (vgl. Kapitel F2). Die Gesamtübersicht aller eingeholten Angebote sah nun also so aus:

Angebot	Speicher J/n	Zuschuss J/n	Generator Leistung In kWp	Nettokosten	Bruttokosten Ohne Zuschuss	Prozent Eigen Verbrauch	Jährl. Durchschnitt Einspeisung €	Eigenverbrauch Durchschn. Gespart Jährl.	Gewinn Über 25 Jahre
Online ohne Speicher	n		6,03	10.328,00 €	12.290,32 €	29	356,42 €	526,02 €	7.450,97 €
Online mit Speicher u Zuschuss	j	j	6,03	13.162,00 €	18.042,78 €	60	200,80 €	1.088,33 €	11.387,14 €
Online mit Speicher o Zuschuss	j	n	6,03	15.162,00 €	18.042,78 €	60	200,80 €	1.088,33 €	9.387,14 €
Bayer ohne Speicher	n		6,03	9.500,00 €	11.305,00 €	29	356,42 €	526,02 €	8.278,97 €
Bayer mit Speicher u Zuschuss	j	j	6,03	11.300,00 €	15.470,00 €	60	200,80 €	1.088,33 €	13.249,14 €
Bayer mit Speicher o Zuschuss	j	n	6,03	13.000,00 €	15.470,00 €	60	200,80 €	1.088,33 €	11.549,14 €
Lokal ohne Speicher	n		5,2	9.308,35 €	11.076,94 €	32	294,37 €	500,55 €	6.592,74 €
Lokal mit Speicher u Zuschuss	j	j	5,2	14.090,64 €	18.909,86 €	67	142,86 €	1.048,02 €	8.291,95 €
Lokal mit Speicher o Zuschuss	j	n	5,2	15.890,64 €	18.909,86 €	67	142,86 €	1.048,02 €	6.491,95 €
Big Player mit Speicher o Zuschuss	j	n	5,3	15.650,86 €	18.624,52 €	67	145,60 €	1.068,17 €	7.290,53 €
Big Player mit Speicher u Zuschuss	j	j	5,3	13.850,86 €	18.624,52 €	67	145,60 €	1.068,17 €	9.090,53 €
Big Player ohne Speicher	n		5,3	11.150,00 €	13.268,50 €	32	300,03 €	510,17 €	5.104,95 €
Onlineneu mit Speicher u Zuschuss	j	j	6,03	13.046,83 €	17.429,72 €	60	200,80 €	1.088,33 €	11.502,31 €
Onlineneu mit Speicher o Zuschuss	j	n	6,03	14.646,83 €	17.429,73 €	60	200,80 €	1.088,33 €	9.902,31 €
Onlineendgültig mit Speicher u Zusc	j	j	6,03	14.351,97 €	18.983,00 €	60	200,80 €	1.088,33 €	10.197,17 €
Sonnen	j	j	6	18.870,30 €	24.360,00 €	60	305,00 €	1.082,91 €	7.627,49 €

Bei allen berücksichtigt
Bei Speicher Rücklage für Ersatz nach 15 Jahren (ca. 2500€, 167€ jährl.)

Für Wartung/Reparatur werden 100€ jährlich angesetzt

Ich habe mich also für das teuerste aller Angebote entschieden. Trotzdem bleibt nach 25 Jahren noch ein schöner Gewinn übrig, der in der Realität hoffentlich noch etwas höher ausfallen wird. Mir war ehrlich gesagt wichtiger, dass ich mit möglichst wenig Ärger und zusätzlicher Arbeit rechnen muss, dass ich bei Problemen jemanden schnell und kompetent erreichen kann (ob das bisher tatsächlich auch so war erfahren Sie später) und dass die Garantielaufzeiten möglichst lang sind. Am 02. Juli 2020 habe ich den Auftrag für den Solarinstallateur unseres Bekannten unterschrieben. Die Auftragsbestätigung sollte uns in vier bis sechs Wochen zugesandt werden, die Installation dann wiederum vier bis sechs Wochen später an zwei bis drei Arbeitstagen erfolgen. Anschließend sollte es noch einmal zwei bis drei Wochen dauern, bis der Netzbetreiber die PVA „genehmigt" und den Zähler gewechselt hat, und die PVA dann mit der Produktion starten kann.

D. Meine steuerlichen Aspekte

Nun war also die Lawine endgültig ins Rollen gebracht. Mit der Auftragserteilung überkam mich eine ungeheure Vorfreude, bald die PVA auf dem Dach, die sonnenBatterie im Keller zu haben und zwei Drittel der Stromkosten zu sparen. Gleichzeitig war ich auch froh darüber, nun diesen Zwang des ständigen abwägen müssen hinter mich zu lassen. Das Kapitel Angebotsauswahl war beendet. Ich hatte jetzt also Zeit, mich intensiver mit dem Thema zu beschäftigen, das bei allen Angeboten und Wirtschaftlichkeitsberechnungen außen vor geblieben ist: Die PVA und das Finanzamt!

Die Installateure dürfen nur oberflächlich einige Aspekte andeuten, aber natürlich keine steuerliche Beratung durchführen. Das kann und will ich hier auch nicht leisten. Ich kann nur über meine persönliche steuerliche Situation und meine persönlichen Entscheidungen in steuerlichen Sachen berichten. Ich glaube aber, dass mindestens 80% aller Privatpersonen, die sich derzeit eine PVA auf ihr Häuschen setzen lassen oder aber mit dem Gedanken spielen, dies zu tun, die gleichen Voraussetzungen mitbringen wie ich und daher sich mit den gleichen Fragen beschäftigen und vielleicht auch die gleichen Entscheidungen treffen. Unsere Voraussetzungen waren:

- Beide Partner befinden sich in einem nichtselbständigen Arbeitsverhältnis oder sind Rentner bzw. Versorgungsempfänger.
- Es wird eine PVA mit einer Leistung von bis zu 10 kWp installiert.
- Der Batteriespeicher wird zeitgleich gemeinsam mit der PVA gekauft.

Unter diesen Voraussetzungen habe ich mich also erst einmal oberflächlich im Internet informiert. Das Bayerische Landesamt für Steuern gilt bundesweit als federführend für die Beurteilung steuerlicher Rechtsfragen im Zusammenhang mit PVAn (https://www.finanzamt.bayern.de/Informationen/Steuerinfos/Weitere_Themen/Photovoltaikanlagen/). Die dort hinterlegte „Hilfe für Phtotovoltaikanlagen" (HfP) ist recht ausführlich und umfassend, aber leider auch in rechtssicherem Amtsdeutsch verfasst. Ich fand daneben auch die Artikel auf den Internetseiten von „Finanztip" („Diese Steuern zahlen Sie auf Ihren eigenen Sonnenstrom") und pv magazine („Photovoltaik-Steuer ganz praktisch") sehr hilfreich. Ich möchte mich hier auf das Wesentliche für unsere o.g. Voraussetzungen konzentrieren. Es ist natürlich keine Steuerberatung und soll in keinster Weise eine steuerliche Beratung darstellen. Es soll allein der allgemeinen Wissensvermittlung dienen. Für Fragen und Hilfen zu Ihrem individuellen Steuerfall suchen Sie bitte die Hilfe einer Person auf, die nach dem Steuerberatungsgesetz beraten darf. Das sind z.B.: Steuerberater, Anwälte und Lohnhilfevereine.

Im Rahmen der sonnenFlat sind Besonderheiten gegenüber Betreibern von PVAn zu beachten, die „nur" die Einspeisevergütung erhalten und den produzierten Strom zum Teil selbst verbrauchen. Ich beziehe mich im folgenden auf die Ausführungen der Firma sonnen GmbH auf deren Internetseite https://sonnen.de/haeufig-gestellte-fragen-zum-thema-steuern-bei-der-sonnenflat-x/ , soweit derartige Besonderheiten zu berücksichtigen sind.

Als Betreiber einer PVA kann man einkommensteuerpflichtig und/oder umsatzsteuerpflichtig sein. Man muss den Betrieb also dem Finanzamt melden. Das Bayerische Landesamt für Steuern schreibt dazu auf Seite 4 vorletzter Absatz HfP: „Da Sie mit dem Verkauf von Strom eine unternehmerische/gewerbliche Tätigkeit aufnehmen, müssen Sie dies innerhalb eines Monats dem Finanzamt mitteilen, in dessen Bezirk Sie wohnen. Diese schriftliche Mitteilung kann formlos erfolgen." § 138 AO spricht von „innerhalb eines Monats nach dem meldepflichtigen Ereignis". Das ist dann wohl hier der Beginn der Netzeinspeisung. Das war bei mir der Tag des Zählerwechsels, also der Tag der Inbetriebsetzung. Bis dahin hat man also Zeit, sich steuerrechtlich zu entscheiden.

D1. Umsatzsteuer (USt)

D1.1 Kleinunternehmerregelung oder nicht?

Möchte man in Sachen USt nichts mit dem Finanzamt zu tun haben, kann man nach § 19 Umsatzsteuergesetz (UStG) die KUR wählen, wenn die Umsätze im Gründungsjahr nicht mehr als 17.500 € (seit dem Jahr 2020: 22.000 €) betragen und im Folgejahr 50.000 € voraussichtlich nicht übersteigen werden, so lange sie keine weiteren Einkünfte aus selbstständiger, gewerblicher oder landwirtschaftlicher Tätigkeit erzielen. Dies ist bei unseren Voraussetzungen gegeben. Geschätzt werden diese Umsätze erst bei einer Leistung von mehr als 100 kWp erreicht. Macht man von dieser Möglichkeit Gebrauch, kann man sich aber auch nicht die Mehrwertsteuer zurückholen, die man für Planung, Anschaffung und Installation der Anlage gezahlt hat. Wichtig hierbei: Der Vorsteuerabzug ist nach § 15 Abs. 1 UStG grundsätzlich nur möglich, wenn der Auftraggeber und Rechnungsempfänger für die Photovoltaikanlage mit dem Vertragspartner des Netzbetreibers identisch ist.

Wir möchten uns aber die gezahlte USt für die PVA erstatten lassen. Es ist für uns die beste Option, gem. § 19 Abs. 2 UStG zunächst die Regelbesteuerung und erst im 60. Kalendermonat nach Betriebsbeginn die Kleinunternehmerregelung mit Wirkung ab dem folgenden Kalenderjahr zu wählen (Mindestbindungsfrist).

Beispiel: Betriebsbeginn (Inbetriebsetzung) PVA: Oktober 2020,

Wahl der KUR: Oktober 2025, Anwendung der KUR ab dem Kalenderjahr 2026. Ab diesem Jahr ist man dann von der USt befreit.

Finanziell lohnt sich das. Wir erhalten die gezahlte USt in Höhe von 3.360 € vom Finanzamt zurück. Die Frage ist nun, wofür und in welcher Höhe wird in den kommenden fünf Kalenderjahren voraussichtlich USt anfallen? Eine erste Prognose ergab folgende Beträge:

Bei den bereits oben genannten Grundangaben

erzeugte Kilowattstunden/Jahr	5.231,00	lt. Angebot/PV-Rechner
Selbstkosten (Abschreibung und Betriebskosten je KWH)	0,2090 €	

Einspeisung kwh	2.249	lt. Angebot/PV-Rechner
Vergütung je kwh	0,0877 €	
Eigenverbrauch kwh	2.982	lt. Angebot/PV-Rechner

ergeben sich:

Voraussichtliche Umsatzsteuer bei sonnenFlat	Ust-Satz	jährliche Frei-Strommenge Kwh	
bei Leistungsaustausch für Abtretung Solarstrom	19	500,00	22,43 €
		Gewinnbeteiligung	
bei Leistungsaustausch für Gewinnbeteiligung	19	65	12,35 €
für Eigenverbrauch	19		133,77 €
Summe			168,56 €

Voraussichtliche Umsatzsteuer bei Einspeisung	Ust-Satz	
bei Einspeisung	19	37,48 €
für Eigenverbrauch	19	133,77 €
Summe		171,25 €

Ich weise an dieser Stelle darauf hin, dass die USt für die Einspeisevergütung vom Netzbetreiber zusätzlich ausgezahlt wird, wenn man der Regelbesteuerung unterliegt. Sie fällt also in dem Sinne nicht als tatsächliche „Ausgabe“ an. Der höhere Betrag von 171,25 € ergibt selbst bei sechs vollen

Kalenderjahren einen Gesamtbetrag an USt von 1027,50 €. Es bleibt ein finanzieller Vorteil von über 2.300 €.

Selbst bei einem höheren Stromproduktion und einer höheren Freistrommenge lohnt es sich:

erzeugte Kilowattstunden/Jahr	6.000,00	lt. Angebot/PV-Rechner
Selbstkosten (Abschreibung und Betriebskosten je KWH)	0,1823 €	

Einspeisung kwh	2.580	lt. Angebot/PV-Rechner
Vergütung je kwh	0,0877 €	
Eigenverbrauch kwh	3.420	lt. Angebot/PV-Rechner

Voraussichtliche Umsatzsteuer bei sonnenFlat	Ust-Satz	jährliche Frei-Strommenge Kwh	
bei Leistungsaustausch für Abtretung Solarstrom	19	610,00	27,37 €
		Gewinnbeteiligung	
bei Leistungsaustausch für Gewinnbeteiligung	19	65	12,35 €
für Eigenverbrauch	19		153,44 €
Summe			193,16 €

Voraussichtliche Umsatzsteuer bei Einspeisung	Ust-Satz	
bei Einspeisung	19	42,99 €
für Eigenverbrauch	19	153,44 €
Summe		196,43 €

Denn selbst 200,00 € USt jährlich und somit 1.200 € in sechs Kalenderjahren ergeben immer noch einen finanziellen Vorteil von über 2.100 €.

Im Internet findet man unterschiedliche Aussagen dazu, wie lange man zunächst Umsatzsteuervoranmeldungen und ob man diese monatlich oder vierteljährlich abgeben muss. Die Finanzämter scheinen da einen gewissen Ermessensspielraum zu haben. Die Voranmeldungen sind jedoch wohl mindestens für die ersten beiden Kalenderjahre der Stromerzeugung abzugeben. Grundsätzlich geregelt ist dies in § 18 UStG.

Wie sich die Umsätze und die USt im einzelnen berechnen, werde ich später noch erläutern.

D1.2 Soll- oder Istversteuerung

Auch diese Frage wird spätestens bei der Anmeldung der PVA beim Finanzamt von Bedeutung sein. Bei der Soll-Versteuerung muss der Anlagenbetreiber die Umsatzsteuer in dem Monat abführen, in dem die Rechnung erstellt wurde - unabhängig davon, ob das Geld bereits tatsächlich eingegangen ist. Bei der Ist-Versteuerung wiederum wird die Umsatzsteuer in dem Monat abgeführt, in dem die Rechnung beglichen wurde. Da wir für noch nicht „geflossenes" Geld auch nicht in Vorleistung treten wollen, ist für uns die Ist-Versteuerung vorteilhafter.

D1.3 Umsatzsteuerpflichtige Beträge und abziehbare Vorsteuerbeträge

Abziehbare Vorsteuerbeträge sind

- die von anderen Unternehmern für bezogene Lieferungen und sonstige Leistungen in Rechnung gestellte und gesetzlich geschuldete Umsatzsteuer (z.B. für Anschaffung, Messstellenbetrieb, Wartung oder Reparatur der Anlage)

Hierbei ist zu beachten, dass die Umsatzsteuer für die Anschaffungskosten des Batteriespeichers grundsätzlich nur dann abzugsfähig sind, wenn der Speicher zeitgleich mit der PVA eingebaut wurde. Dies ist bei uns der Fall.

Umsatzsteuerpflichtige Beträge unter unseren Voraussetzungen sind

1. die Vergütungen für die Einspeisung des produzierten Stromes.

Dies ist üblicherweise die vom Netzbetreiber gezahlte Einspeisevergütung. Der gesetzlich festgelegte Betrag ist ein

Nettobetrag, also die Vergütung ohne Umsatzsteuer. Hat man sich wie wir für die Regelbesteuerung entschieden, zahlt der Netzbetreiber zusätzlich auch die Umsatzsteuer an den Betreiber der PVA aus. Diese ist dann natürlich als „vereinnahmte" Umsatzsteuer an das Finanzamt weiterzuleiten. Für diejenigen, die sich für eine „Stromcloud" oder gar wie wir für die sonnenFlat entscheiden, ist die Sache etwas komplizierter. Bei uns fallen hier folgende umsatzsteuerpflichtige Beträge an:

- die Einnahmen aus dem Leistungsaustausch mit sonnen

Dies beinhaltet die Abtretung unseres überschüssigen, nicht selbst verbrauchten oder gespeicherten Stroms von der PV-Anlage an sonnen sowie die temporäre und teilweise Bereitstellung der Speicherkapazität unserer sonnenBatterie für sonnens virtuelles Kraftwerk.

- die Gewinnbeteiligung am virtuellen Kraftwerk
- die Vergütung für den im Rahmen einer Netzdienstleistung eingespeisten bzw. zusätzlich bezogenen Solarstrom

2. der Wert des Eigenverbrauchs am produzierten Solarstrom

Achtung: Hierbei sind Zahlungen, die nicht in dem, aber für das jeweilige Kalenderjahr geflossen sind (zB. Erstattungen des Finanzamtes), auch in der Umsatzsteuererklärung für das Jahr zu berücksichtigen. Dies ist bei der Einkommensteuererklärung anders!

D1.4 Berechnung der umsatzsteuerpflichtigen Einnahmen aus dem Leistungsaustausch mit sonnen

Solange wir noch keine Jahresrechnung von sonnen haben, teilen wir für die monatliche Umsatzsteuervoranmeldung unsere jährliche Freistrommenge durch zwölf und multiplizieren diesen Betrag mit dem aktuellen Nettostrompreis je Kilowattstunde für den Netzbezug.

Dies entnehme ich zumindest den Ausführungen der sonnen GmbH auf der o.g Internetseite, auf der es heißt:

„Wenn Sie für die umsatzsteuerliche Behandlung Ihrer PV-Anlage und der sonnenBatterie die Umsatzsteuerpflicht gewählt haben, sind Sie verpflichtet regelmäßig (derzeit monatlich, ab 2021 quartalsweise) eine Umsatzsteuervoranmeldung beim Finanzamt abzugeben…. Auf der Einnahmenseite müssen neben dem privaten Eigenverbrauch aus der PV-Anlage auch die Einnahmen aus dem Leistungsaustausch mit sonnen für die Bereitstellung Ihrer sonnenBatterie für das VPP berücksichtigt werden…. Sie haben bislang noch keine sonnenFlat Jahresrechnung? Für eine Abschätzung Ihrer monatlichen Einnahmen von sonnen multiplizieren Sie Ihre jährliche Freistrommenge mit Ihrem Strompreis je kWh und teilen das Ergebnis durch 12. Diese Werte finden Sie in Ihren Vertragsunterlagen.“

Liegt später eine Jahresrechnung für ein komplettes Kalenderjahr vor, Gilt laut der sonnen GmbH folgendes: „Für eine Abschätzung Ihrer monatlichen Einnahmen von sonnen ziehen Sie Ihre letzte sonnenFlat Jahresrechnung heran. Hier sind die Einnahmen aus der Erbringung von Netzdienstleistungen und die Gutschriften aus dem Leistungsaustausch sowie die dafür jeweils ausgewiesenen Umsatzsteuerbeträge relevant. Die jeweiligen Summen teilen Sie durch 12 und ziehen das Ergebnis für Ihre Umsatzsteuervoranmeldung heran.“ Demnach könnte man schlussfolgern, dass die Jahresrechnung erst dann maßgeblich ist, wenn der Abrechnungszeitraum erstmals auch volle 12 Kalendermonate umfasst hat. Ich bin jedoch der Meinung, dass das Vorliegen einer Abrechnung an sich das auslösende Moment dafür ist, die Beträge für die Umsatzsteuervoranmeldung nicht mehr anhand von prognostizierten Werten des Stromlieferungsvertrages zu ermitteln, sondern anhand der in der Rechnung ausgewiesenen Beträge. Bildet die erste Jahresrechnung also nicht ein ganzes Kalenderjahr ab, sind die dortigen Beträge folgerichtig durch die Anzahl der abgerechneten Kalendermonate zu teilen und das Ergebnis für die Umsatzsteuervoranmeldung heranzuziehen.

- Den Jahreswert für die temporäre und teilweise Bereitstellung der Speicherkapazität unserer sonnenBatterie entnehmen wir Ziffer 3.2 der Jahresrechnung (Nutzung der Sonnenbatterie im virtuellen Kraftwerk)
- Den Jahreswert für die Abtretung unseres überschüssigen, nicht selbst verbrauchten oder gespeicherten Stroms von der PV-Anlage an sonnen entnehmen wir ebenfalls Ziffer 3.2 der Jahresrechnung (Abtretung des Solarstroms)

Die Jahreswerte sind für die Umsatzsteuererklärung maßgeblich. Für die Umsatzsteuervoranmeldung der Monate nach Eingang der Jahresrechnung teilen wir die jeweiligen Summen durch die Anzahl der abgerechneten Kalendermonate und ziehen das Ergebnis heran.

D1.5 Berechnung der umsatzsteuerpflichtigen Einnahmen aus der Gewinnbeteiligung am virtuellen Kraftwerk und aus der Vergütung für den im Rahmen einer Netzdienstleistung eingespeisten bzw. zusätzlich bezogenen Solarstrom

Ein zwölftel des Jahresbetrages der pauschalen, fixen Gewinnbeteiligung ist von Anfang an bei der

Umsatzsteuervoranmeldung als Einnahme zu berücksichtigen, der gesamte Jahresbetrag aus Ziffer 2.1 der Jahresrechnung dann selbstverständlich bei der Umsatzsteuererklärung.

Die Vergütung für den im Rahmen einer Netzdienstleistung eingespeisten bzw. zusätzlich bezogenen Solarstrom ist von Jahr zu Jahr unterschiedlich und steht nicht im Vornherein fest. Bis zum Monat des Eingangs der ersten Jahresrechnung kann deshalb kein Wert für die Umsatzsteuervoranmeldung herangezogen werden. Für die Umsatzsteuererklärung ist der ausgewiesene Wert in Ziffer 2.2 der Jahresrechnung als umsatzsteuerpflichtige Einnahme heranzuziehen, für die Umsatzsteuervoranmeldung der Monate nach Eingang der Jahresrechnung der ausgewiesene Wert geteilt durch die Anzahl der abgerechneten Kalendermonate.

D1.6 Berechnung der umsatzsteuerpflichtigen Einnahmen aus dem Eigenverbrauch

Das Bundesministerium der Finanzen hat mit Schreiben vom 19. September 2014 unter anderem auch die Berechnung der Umsatzsteuer auf den Eigenverbrauch umfassend geregelt (vgl. https://www.bundesfinanzministerium.de/Content/DE/Downloads/BMF_Schreiben/Steuerarten/Umsatzsteuer/Umsatzsteuer-Anwendungserlass/2014-09-19-USt-Photovoltaik-KWK-Anlagen.pdf?__blob=publicationFile&v=2).

Der Eigenverbrauch ist eine unentgeltliche Wertabgabe nach § 10 Abs. 4 S. 1 Nr. 1 i.V.m. § 3 Abs. 1b UStG. Unter unseren Voraussetzungen ergeben sich folgende Auswirkungen:

Die Menge des Eigenverbrauchs ermitteln wir, indem wir von der laut Wechselrichter produzierten Strommenge die laut Zweirichtungszähler eingespeiste Strommenge abziehen. Für die monatliche Umsatzsteuervoranmeldung ist es also notwendig, diese Werte zum Monatsende – für die Umsatzsteuererklärung zum Jahresende - abzulesen und zu dokumentieren. Da der Zweirichtungszähler die Werte immer weiter aufaddiert, muss natürlich der Wert zum Ende des Vormonates vom Wert am Ende des aktuellen Monats abgezogen werden, um die Menge des **im aktuellen Monat** eingespeisten Stromes zu berechnen.

Nun kommt aber die Besonderheit ins Spiel, dass wir einen Batteriespeicher haben, denn „Speicherverlust ist kein Eigenverbrauch" (vgl. https://www.finanztip.de/photovoltaik/pv-steuer/).

Denn sonst wäre der Verlust, der beim Speichern entsteht, als Eigenverbrauch zählen – wir würden auf Strom Umsatzsteuer zahlen, der nicht unserer elektrischen Versorgung diente, sondern den die Batterie vor allem in Wärme gewandelt hat. Wird der unternehmerisch produzierte Strom nicht als solcher zur eigenen Versorgung genutzt, liegt aber keine unternehmensfremde Verwendung vor. Daher muss man auf den bei der Speicherung entstehenden Verlust keine Umsatzsteuer zahlen.

„Bleibt die Frage, wie man den Speicherverlust aus dem Eigenverbrauch herausrechnet. Möglich ist, die Angaben des Herstellers des Speichergeräts zu nutzen. Der maximale Gesamtwirkungsgrad (oder Round-trip-Wirkungsgrad) gibt an, wie viel des eingespeicherten Stroms wieder ausgespeichert wird. In der Regel liegt der Wert bei etwa 90 Prozent – der Batterieverlust beträgt also mindestens rund zehn Prozent. Multiplizieren Sie den Gesamtwirkungsgrad mit der eingespeicherten Strommenge. Diese erfasst das Speichergerät selbst."

Ein gut gemeinter Rat, der sich leider – wie sich später herausstellte – bei der sonnen GmbH nicht umsetzen lässt (vgl. Kapitel F10. Monatswerte). Aber zu diesem Zeitpunkt habe ich noch mit der Realisierung dieses Aspektes bei der Ermittlung der Eigenverbrauchsmenge gerechnet.

Es bleibt noch die Frage zu klären, wie der Eigenverbrauch monetär zu bewerten ist. Nach dem o.g. Schreiben des Bundesministeriums der Finanzen bemisst sich der Wert unter unseren Voraussetzungen nach dem Einkaufspreis zuzüglich der Nebenkosten für einen gleichartigen Gegenstand. Man muss also den Strompreis netto je kWh zugrunde legen, für den man den „Reststrom“ bezieht. Einen eventuellen Grundpreis muss man dabei noch auf die einzelne kWh umrechnen und hinzuaddieren. Da die sonnen GmbH keinen Grundpreis berechnet, entfällt dies bei uns.

D1.7 Der erste Entwurf einer Tabellenkalkulation für die Umsatzsteuerbeträge

Nun suchte ich im Internet eine Tabelle zur dauerhaften Berechnung und Dokumentation der Werte, die dann in die amtlichen Steuerformulare einzutragen sind. Pustekuchen. Entweder war das, was ich gefunden habe, für alle Eventualitäten gerüstet und entsprechend umfangreich und auch teuer oder aber zu simpel. Dies war der Zeitpunkt, an dem ich beschloss, meine Grundkenntnisse in Sachen Tabellenkalkulation einzusetzen und mir selber etwas zu konstruieren. Mein erster Entwurf für die Werte der Umsatzsteuervoranmeldung sah dann so aus:

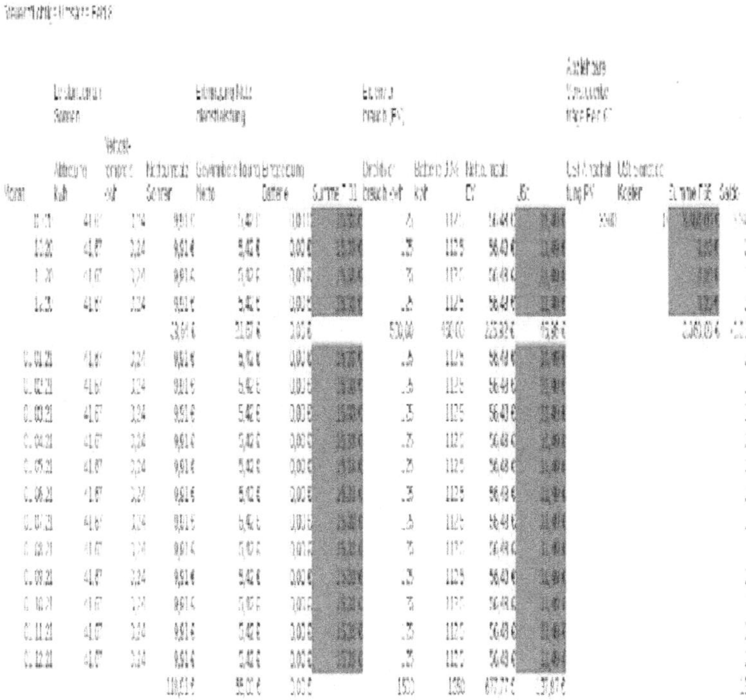

Viele Arbeitsstunden später sollte sich daraus eine recht umfassende Sammlung von Tabellenkalkulationen entwickeln. Dazu im Kapitel F. Mehr.

D2. Einkommensteuer

Der aus dem Betrieb einer PVA resultierende Gewinn bzw. Verlust stellt Einkünfte aus Gewerbebetrieb nach § 15 des Einkommensteuergesetzes (EStG) dar. Diese sind im Rahmen der jährlichen Einkommensteuererklärung in der Anlage G (Einkünfte aus Gewerbebetrieb) und zusätzlich auf dem amtlich vorgeschriebenen Vordruck Anlage EÜR (Einnahmeüberschussrechnung) auszuweisen.

Diese steuerliche Behandlung ist seit einiger Zeit politisch umstritten. Eine ertragssteuerliche Gewinnerzielungsabsicht kann bei kleinen PVAn, wie sie üblicherweise auf Einfamilienhäusern errichtet werden, nicht mehr unterstellt werden. Zuletzt hat der Bundesrat im Oktober 2020 einen Vorschlag zum Entwurf des Jahressteuergesetzes 2020 eingebracht, dass in § 3 EStG die Einnahmen aus dem Betrieb von PVAn bis 10 Kilowatt, die ab dem Jahr 2020 auf Gebäuden errichtet wurden, steuerfrei gestellt werden sollen. Der Bundesrat hat diesen Vorschlag jedoch im Dezember nicht übernommen, so dass es zunächst bei der bisherigen steuerrechtlichen Betrachtungsweise bleibt.

Wer sich jedoch die jährliche Arbeit im Rahmen der jährlichen Einkommensteuererklärung ersparen möchte, konnte bis Ende Mai 2021 versuchen, bei seinem Finanzamt Liebhaberei statt Gewinnerzielungsabsicht geltend zu machen (dazu später mehr). Die Finanzämter hatten hier bei der Beurteilung derzeit einen großen Ermessensspielraum. Sie verlangen in der Regel sowieso eine Wirtschaftlichkeitsprognose über den Abschreibungszeitraum von 20 Jahren, in der man die zu erwartenden Einnahmen den erwarteten Ausgaben gegenüberstellt. Daher sollte man zunächst wissen, welche Einnahmen und Ausgaben relevant und in welcher Höhe sie zu berücksichtigen sind.

Am 02.06.2021 hat das Bundesministerium der Finanzen ein Schreiben veröffentlicht, das die Einkommensteuerpflicht für für Photovoltaikanlagen mit einer installierten Leistung von bis zu 10 kW, die auf zu eigenen Wohnzwecken genutzten oder unentgeltlich überlassenen Ein- und Zweifamilienhausgrundstücken einschließlich Außenanlagen (z. B. Garagen) installiert sind und nach dem 31. Dezember 2003 in Betrieb genommen wurden, faktisch abschafft (https://www.bundesfinanzministerium.de/Content/DE/Downloads/BMF_Schreiben/Steuerarten/Einkommensteuer/2021-06-

02-gewinnerzielungsabsicht-bei-kleinen-photovoltaikanlagen-und-vergleichbaren-blockheizkraftwerken.html). Für diese Anlagen „ist auf schriftlichen Antrag der steuerpflichtigen Person aus Vereinfachungsgründen ohne weitere Prüfung in allen offenen Veranlagungszeiträumen zu unterstellen, dass diese nicht mit Gewinnerzielungsabsicht betrieben werden. Bei ihnen liegt grundsätzlich eine steuerlich unbeachtliche Liebhaberei vor. Der Antrag wirkt auch für die Folgejahre.... In diesen Fällen ist dann eine Anlage EÜR für den Betrieb der Photovoltaikanlage/des BHKW für alle offenen Veranlagungszeiträume nicht mehr abzugeben."

Das BMF-Schreiben regelt ausschließlich die einkommensteuerrechtliche Behandlung der Photovoltaik-Anlage und betrifft nicht die Umsatzsteuer. Hier bleibt alles beim alten. Stellt der Steuerpflichtige keinen Antrag, bleibt alles von der steuerlichen Erfassung bis zur Abgabe der Einkommensteuererklärung wie bisher. Rechnet man über den gesamten Betriebszeitraum insgesamt mit einem Gewinn, sollte man selbstverständlich den Antrag stellen. Rechnet man sich eher steuerlich geltend zu machende Verluste aus, würde ich zunächst versuchen, die PVA einkommensteuerrechtlich anerkennen zu lassen. Auch auf die Gefahr hin, dass die Finanzverwaltung letztlich Liebhaberei feststellt und die Arbeit vergebens war. Ich verweise hier schon einmal auf Kapitel D2.12.

D2.1 Einkommensteuerrechtliche Betriebseinnahmen und -ausgaben

Betriebseinnahmen sind unter unseren Voraussetzungen

- die Vergütung für die Einspeisung des produzierten Stromes. In unserem Fall sind das die Werte
  - Ziffer 3.2 der Jahresrechnung (Nutzung der Sonnenbatterie im virtuellen Kraftwerk)

    - Ziffer 3.2 der Jahresrechnung (Abtretung des Solarstroms)
    - Ziffer 2.1 der Jahresrechnung (Gewinnbeteiligung am virtuellen Kraftwerk)
    - Ziffer 2.2 der Jahresrechnung (Vergütung für den im Rahmen einer Netzdienstleistung eingespeisten bzw. zusätzlich bezogenen Solarstrom)
- der Wert des Eigenverbrauchs
- die vereinnahmte Umsatzsteuer sowie Umsatzsteuer auf unentgeltliche Wertabgaben
- vom Finanzamt erstattete und gegebenenfalls verrechnete Umsatzsteuer (Vorsteuerbeträge)

Betriebsausgaben sind

- die Absetzungen für Abnutzung („Abschreibung"/AfA)
- ggf. Sonderabschreibungen
- Schuldzinsen/Finanzierungskosten ohne Tilgungsanteil
- Versicherungen
- Reparaturen/Wartungen/Reinigungen
- sonstige Betriebsausgaben
- an andere Unternehmer gezahlte Umsatzsteuer (Vorsteuerbeträge)
- an das Finanzamt gezahlte und ggf. verrechnete Umsatzsteuer

Achtung: Zahlungen die nicht in, aber für das jeweilige Kalenderjahr geflossen sind, sind bei der Einkommensteuer nicht als Betriebsausgabe für das Jahr zu berücksichtigen, sondern für das Jahr maßgebend, in dem sie geflossen sind!

D2.2 Vergütung für die Einspeisung des produzierten Stromes

Wie bereits bei der Umsatzsteuer erwähnt, ist dies üblicherweise die Einspeisevergütung des Netzbetreibers. Da bei der Einkommensteuer keine Voranmeldungen vor dem Vorliegen von Jahresrechnungen erstellt und somit Beträge ggf. geschätzt werden müssen, sind einfach wie unter D2.1 beschrieben die genannten Werte der Ziffern 2.1, 2.2 und 3.2 der Jahresrechnung zu addieren und für die jährliche Einkommensteuererklärung heranzuziehen und in Zeile 14 der Anlage EÜR einzutragen. Unterliegt man der Regelbesteuerung, nimmt man den Nettobetrag, hat man die KUR gewählt, den Bruttobetrag (vgl. Kapitel D2.4 und D2.10).

D2.3 Der Wert des Eigenverbrauchs

Nach allgemeinen ertragsteuerlichen Grundsätzen ist die Entnahme des erzeugten Stroms mit dem Teilwert (§ 6 Abs. 1 Nr. 4 EStG) zu bewerten; einkommensteuerlich sind das die Wiederbeschaffungskosten. Hierzu gehören neben den Herstellungskosten auch die Verwaltungs- und Betriebskosten und neuerdings auch die Finanzierungskosten.

Die Menge des Eigenverbrauchs ermittele ich wie bei der Umsatzsteuer. Die laut Zweirichtungszähler eingespeiste Strommenge ziehe ich dabei von der laut Wechselrichter produzierten Strommenge ab.

Zur Teilwertbewertung des selbst verbrauchten Stroms bestehen folgende Möglichkeiten:

- anhand der individuell angefallenen Kosten (sogenannte „Selbstkosten", progressive Methode).
- durch Ableitung aus dem voraussichtlich am Markt erzielbaren Verkaufspreis (gemindert um den kalkulatorischen Gewinnaufschlag - retrograde Methode).

Hierzu habe ich bei meinen Internetrecherchen leider nichts gefunden. Es gibt zwar Informationen zum Marktwert, wenn man den erzeugten Strom selbst vermarktet. Dieser schwankt jedoch ständig und es gibt nur teilweise Informationen über durchschnittliche Werte aus der Vergangenheit. Eine derartige Bewertung des Eigenverbrauchs scheint zumindest für kleine PVA absolut unüblich zu sein.

aus Vereinfachungsgründen

- kann die in der USt-Voranmeldung erklärte unentgeltliche Wertabgabe übernommen werden (Strompreis netto je kWh, den man für den „Reststrom" bezahlt).
- kann auch ein pauschaler Wert von 20 Ct/kWh angesetzt werden. Diese Möglichkeit der Berechnung sollte man nutzen, wenn die individuell angefallenen Kosten je kWh höher sind. Man sollte also in der Regel den geringeren Betrag heranziehen, es sei denn man möchte unbedingt über den Abschreibungszeitraum insgesamt einen steuerlichen Gewinn erwirtschaften. Dies ist bei mir jedenfalls nicht der Fall.

Von den aufgezählten Möglichkeiten habe ich mich also für die Teilwertbewertung des selbst verbrauchten Stroms anhand der individuell angefallenen Kosten entschieden. Dafür werden die für das jeweilige Steuerjahr angefallenen Betriebsausgaben für die PVA durch die erzeugten Kilowattstunden geteilt. Der so berechnete Betrag wird dann mit der Anzahl der selbst verbrauchten kWh multipliziert.

Hierbei hat sich wohl bisher die steuerliche Behandlung von Batteriespeichersystemen als kompliziert und uneinheitlich erwiesen. Die Finanzämter gehen hierbei unterschiedlich vor, wie die Erfahrungen der letzten Jahre zeigen. Die wesentliche Frage bei der steuerlichen Behandlung eines Stromspeichers ist, ob es sich bei der Photovoltaik-Anlage und dem

Batteriespeicher um ein sogenanntes einheitliches Zuordnungsobjekt handelt. Anders als bei der Umsatzsteuer wird für die Einkommensteuer – zumindest nach dem Leitfaden des Bayerischen Landesamts für Steuern – auf die Bauart der Batteriesysteme (Einbau vor oder nach dem Wechselrichter) abgestellt. Der zeitgleiche Erwerb von Photovoltaik-Anlage und Batterie führt einkommensteuerlich noch nicht automatisch zu einer Zuordnung der Batterie ins Betriebsvermögen und damit zur steuerwirksamen Abschreibungsmöglichkeit. Gleichwohl zeigt die Besteuerungspraxis, dass vielfach auch für die Einkommensteuer auf den Anschaffungszeitpunkt der Batterie abgestellt wird, um zu bestimmen, ob ein einheitliches Zuordnungsobjekt vorliegt. Dies möchte ich nur der Vollständigkeit halber erwähnen. Es kann also passieren, dass die Anschaffungskosten für den Batteriespeicher bei der Umsatzsteuer berücksichtigungsfähig sind – die Umsatzsteuer hierfür also als Vorsteuerbeträge abgezogen werden kann -, bei der Einkommensteuer aber nicht als Betriebskosten abschreibungsfähig sind. Sind sie nicht abschreibungsfähig, müssen sie wohl auch nicht bei der Teilwertbewertung des selbst verbrauchten Stroms berücksichtigt werden. Naturgemäß führt das zu einem entsprechend niedrigeren Wert des Eigenverbrauchs. Im Rahmen der „sonnenFlat“ ist die Sache wohl geklärt. Sie ist so konzipiert, dass durch die Teilnahme an einem virtuellen Kraftwerk die 10 %ige Schwelle für die Unternehmens- und Betriebsvermögenszuordnung der Batterie erfüllt ist. Hintergrund ist die Fernsteuerung der Batterie durch sonnen und die dafür gezahlte Vergütung in Form der Freistrommenge bzw. Gewinnbeteiligung. Da die Batterie dadurch dem Unternehmens- bzw. Betriebsvermögen zugeordnet wurde, wird ein Vorsteuerabzug begründet bzw. werden die steuerlichen Abschreibungen ermöglicht. Ausweislich der Internetseite von sonnen wurde das Konzept bereits seitens der Finanzbehörden auch so bestätigt.

Beispielhaft berechnet sich also der steuerrelevante Wert des Eigenverbrauchs wie folgt:

Beispiel für das Jahr der Inbetriebnahme:

Anschaffungskosten: 19.000,- € netto, inkl. Speicher, ohne Zuschuss

jährliche AfA: 950,- €

Inbetriebnahme: 28.09.2020, maßgeblich: Fertigstellung seitens des Installateurs

Als anteilige Anschaffungskosten sind für die Monate ab Inbetriebnahme ein Zwölftel der jährlichen AfA anzusetzen:

950,- € / 12 * 4 Monate = 316,67 €

Betriebskosten: 50,- € (Anteil PVA Wohngebäudeversicherung)

Gesamtproduktion des Jahres der PV- Anlage Kwh: 700

Eigenverbrauch Kwh: 564

367,67 € Betriebsausgaben / 700 kWh Gesamtproduktion = 0,5252 € Selbstkosten je kWh. Dieser Wert ist naturgemäß sehr hoch, da die Produktion der PVA erst Ende Oktober 2020 begann und in den Monaten November und Dezember mangels Sonnenschein sehr gering ist.

In diesem Fall würde ich also die Möglichkeit nutzen, den pauschalen Wert von 0,2000 € je kWh als Selbstkosten anzusetzen.

Als Teilwert für den Selbstverbrauch ergibt sich somit

564 kWh x 0,2000 € = 112,80 €

Beispiel für ein volles Kalenderjahr

Anschaffungskosten: 19.000,- € netto, inkl. Speicher, ohne Zuschuss

jährliche AfA: 950,- €

Betriebskosten: 50,- € (Anteil PVA Wohngebäudeversicherung)

Gesamtproduktion des Jahres der PV- Anlage Kwh: 5.700

Eigenverbrauch Kwh: 3.500

1.000,00 € Betriebsausgaben / 5.700 kWh Gesamtproduktion = 0,1754 € Selbstkosten je kWh.

Als Teilwert für den Selbstverbrauch ergibt sich somit

3.500 kWh x 0,1754 € = 613,90 €

Der Teilwert für den Selbstverbrauch ist in Zeile 20 der Anlage EÜR einzutragen.

D2.4 Die vereinnahmte Umsatzsteuer sowie Umsatzsteuer auf unentgeltliche Wertabgaben

Als vereinnahmte Umsatzsteuer gilt die Umsatzsteuer, die wir für die Einspeisevergütung erhalten hätten, wenn wir uns nicht für die sonnenFlat entschieden hätten (vgl. D1.3). Für uns gelten daher die Umsatzsteuerbeträge, die die sonnen GmbH uns aus dem Leistungsaustausch mit ihr, der Gewinnbeteiligung am virtuellen Kraftwerk sowie aus der Vergütung für den im Rahmen einer Netzdienstleistung eingespeisten bzw. zusätzlich bezogenen Solarstrom hat zukommen lassen, als vereinnahmte Umsatzsteuer. Dies gilt nur für die Jahre der Regelbesteuerung bei der USt. Hat man die KUR gewählt, ist die USt in den

Bruttobeträgen in Zeile 14 bereits berücksichtigt (vgl. Kapitel D2.2 und D2.10). Ich verweise an dieser Stelle auf die Abschnitte D1.4 und D1.5. Dort haben wir aber die umsatzsteuerpflichtigen Beträge/Einnahmen ermittelt. Hier kommt es jetzt aber im Rahmen der Einkommensteuererklärung auf die Höhe der Umsatzsteuer selbst als Betriebseinnahme an. Als vereinnahmte Umsatzsteuer addieren wir also die reinen, ausgewiesenen Umsatzsteuerbeträge aus folgenden Positionen der sonnenFlat Jahresrechnung:

- Die vereinnahmte Umsatzsteuer für die temporäre und teilweise Bereitstellung der Speicherkapazität unserer sonnenBatterie entnehmen wir Ziffer 3.2 der Jahresrechnung (Nutzung der Sonnenbatterie im virtuellen Kraftwerk)
- Die vereinnahmte Umsatzsteuer für die Abtretung unseres überschüssigen, nicht selbst verbrauchten oder gespeicherten Stroms von der PV-Anlage an sonnen entnehmen wir ebenfalls Ziffer 3.2 der Jahresrechnung (Abtretung des Solarstroms)
- Die vereinnahmte Umsatzsteuer für die pauschale, fixe Gewinnbeteiligung ist aus Ziffer 2.1 der Jahresrechnung zu entnehmen
- Die vereinnahmte Umsatzsteuer für die Vergütung für den im Rahmen einer Netzdienstleistung eingespeisten bzw. zusätzlich bezogenen Solarstrom ist der ausgewiesene Wert in Ziffer 2.2 der Jahresrechnung maßgeblich

Bei der Umsatzsteuer auf unentgeltliche Wertabgaben handelt es sich kurz gesagt um die Umsatzsteuer, die wir für den Eigenverbrauch des produzierten Stromes im Rahmen der Umsatzsteuererklärung abgeführt haben bzw. bei Inanspruchnahme der KUR abgeführt hätten, wenn wir die Regelbesteuerung gewählt hätten (vgl. D1.6).

Steuertheoretisch sind die in diesem Abschnitt genannten Umsatzsteuerbeträge fiktive Bruttoeinnahmen und in Summe in Zeile 16 der EÜR einzutragen. Da diese theoretisch vereinnahmten Beträge aber ja an das Finanzamt abgeführt wurden, werden sie später auch wieder als Betriebsausgaben berücksichtigt und beeinflussen daher effektiv nicht den unternehmerischen Gewinn.

D2.5 Die vom Finanzamt erstattete und gegebenenfalls verrechnete Umsatzsteuer (Vorsteuerbeträge)

Die Umsatzsteuer, die von anderen Unternehmern für bezogene Lieferungen und sonstige Leistungen in Rechnung gestellt wurden (z.B. für Anschaffung, Messstellenbetrieb, Wartung oder Reparatur der Anlage), die wir beim Finanzamt als Vorsteuerbeträge geltend gemacht und von diesem erstattet oder verrechnet bekommen haben (vgl. D1.3), sind ebenfalls im Rahmen der Einkommensteuererklärung in Zeile 17 der EÜR als Betriebseinnahme zu erklären.

Achtung: Zahlungen die nicht in, aber für das jeweilige Kalenderjahr geflossen sind, sind bei der Einkommensteuer nicht als Betriebsausgabe für das Jahr zu berücksichtigen, sondern erst für das folgende Jahr! So war es zum Beispiel bei uns der Fall, dass das Finanzamt uns die Vorsteuer auf die Anschaffungskosten erst Ende Januar 2021 erstattet hat. Als **Betriebseinnahme** ist dies daher erst in der Einkommensteuererklärung für das Jahr 2021 anzugeben. Wir selbst haben jedoch die Vorsteuerbeträge im Jahr 2020 gezahlt, so dass die Vorsteuer als **Betriebsausgabe** für das Jahr 2020 anzugeben ist. Dies erhöht dementsprechend den Verlust bzw. verringert den Gewinn für das Jahr 2020 und erhöht den Gewinn für 2021.

D2.6 Die Absetzungen für Abnutzung („Abschreibung“/AfA)

Nach § 4 Abs. 3 Satz 3 EStG sind u.a. die Vorschriften des § 7 EStG über die Absetzung für Abnutzung oder Substanzverringerung zu befolgen. Die Anschaffungskosten für eine PVA (gemindert um evtl. Zuschüsse) sind auf die steuerliche Nutzungsdauer von 20 Jahren zu verteilen und in gleichen Jahresbeträgen (jährliche AfA = 5 %) zu berücksichtigen. Nach § 7 Abs. 1 Satz 4 EStG vermindert sich im Jahr der Anschaffung oder Herstellung des Wirtschaftsguts für dieses Jahr der Absetzungsbetrag nach Satz 1 um jeweils ein Zwölftel für jeden vollen Monat, der dem Monat der Anschaffung oder Herstellung vorangeht. Anders herum ausgedrückt: Nur die Monate ab dem Monat der Anschaffung zählen für die Abschreibung mit einem Zwölftel des jährlichen Abschreibungsbetrages. Der Monat der Fertigstellung/Übergabe durch den Installateur ist hier ausschlaggebend. Die restlichen der zwölf Monate werden dann noch im zwanzigsten Jahr nach der Anschaffung berücksichtigt. Da wir uns die Umsatzsteuer der Anschaffungskosten im Rahmen der Regelbesteuerung vom Finanzamt erstatten lassen, müssen wir den Nettobetrag der Anschaffungskosten zugrunde legen.

Zur Behandlung von Investitionszuschüssen bei der Einnahme-Überschussrechnung möchte ich auf das Urteil des BFH vom 29.11.2007 (IV R 81/05, BStBl II 2008, 561) hinweisen: „Erhält ein Steuerpflichtiger, der seinen Gewinn nach § 4 Abs. 3 EStG ermittelt, für die Anschaffung oder Herstellung bestimmter Wirtschaftsgüter öffentliche Investitionszuschüsse, so mindern diese die Anschaffungs- oder Herstellungskosten bereits im Jahr der Bewilligung und nicht im Jahr der Auszahlung. Sofern der Empfänger den Zuschuss sofort als Betriebseinnahme versteuern will, muss er das entsprechende Wahlrecht ebenfalls im Jahr der Zusage ausüben.“ In unserem Fall war dies von

Bedeutung, da der ILB- Zuschuss erst Anfang des Folgejahres nach Herstellung der PVA ausgezahlt wurde. So konnten und mussten wir ihn also für das Herstellungsjahr von den Anschaffungskosten abziehen, auch wenn er noch nicht ausgezahlt war.

Problematisch könnte die Abschreibungsfähigkeit der Anschaffungskosten für den Batteriespeicher sein. Das Bayerische Landesamt für Steuern führt dazu in seiner Hilfe für den Betrieb von Photovoltaikanlagen aus (IV.6.d):

„Stellt der Batteriespeicher ein selbständiges Wirtschaftsgut dar und dient er allein der Zwischenspeicherung des selbst erzeugten Stroms zur anschließenden privaten Verwendung des Stroms ist der Batteriespeicher dem Privatvermögen zuzuordnen. (Die Entnahme des Stroms erfolgt in diesen Fällen bereits im Zeitpunkt der Speicherung.) Dient der Batteriespeicher auch der Einspeisung ins Netz kann er (bei einer Nutzung hierzu zu > 10 %) bzw. muss er (bei einer Nutzung hierzu über 50 %) als Betriebsvermögen behandelt werden. Die Anschaffungskosten (gemindert um evtl. Zuschüsse, vgl. IV./5.) sind auf die steuerliche Nutzungsdauer von 10 Jahren zu verteilen und in gleichen Jahresbeträgen (jährliche AfA = 10 %) zu berücksichtigen (im Jahr der Anschaffung zeitanteilig).

Ist der Batteriespeicher unselbständiger Bestandteil der Fotovoltaikanlage ist er einheitlich mit der Fotovoltaikanlage auf 20 Jahre (bzw. bei nachfolgender Anschaffung auf die (rechnerische) Rest-Nutzungsdauer abzuschreiben. Für die Zuordnung zum Betriebsvermögen der einheitlichen Photovoltaikanlage (incl. Batteriespeicher) gelten dieselben Grundsätze wie für die Beurteilung einer Photovoltaikanlage ohne Batteriespeicher. (Die Entnahme des Stroms erfolgt dann erst bei Selbstverbrauch (und nicht bereits mit Speicherung im Batteriespeicher)."

Was bedeutet dies nun konkret? Im Normalfall dient der Speicher nur der privaten Versorgung und aus dem Speicher findet keine Einspeisung ins öffentliche Stromnetz statt. Somit kann in der Regel bei Privatpersonen eine Batterie alleine keine 10 %ige unternehmerische bzw. betriebliche Nutzung erreichen. Damit scheidet die Abschreibungsmöglichkeit für die Anschaffungskosten des Speichers grundsätzlich aus. Wie unter D2.3 aber bereits ausgeführt, ist bei der sonnenBatterie und der sonnenFlat durch die Teilnahme an einem virtuellen Kraftwerk die 10 %ige Schwelle für die Unternehmens- und Betriebsvermögenszuordnung der Batterie erfüllt. Ohne die sonnenFlat wären die Anschaffungskosten aber wohl nicht abschreibungsfähig.

Die (linearen) Absetzungen für Abnutzung sind in Zeile 30 der Anlage EÜR und in der Anlage AVEÜR (Anlageverzeichnis) einzutragen.

Darüber hinaus können im Jahr der Anschaffung oder Herstellung und in den vier folgenden Jahren neben den Absetzungen für Abnutzung nach § 7g Abs. 5 EStG Sonderabschreibungen bis zu insgesamt 20 Prozent der Anschaffungs- oder Herstellungskosten in Anspruch genommen werden. Diese 20 Prozent können beliebig auf die ersten fünf Kalenderjahre verteilt. Dies ist unabhängig vom Monat der tatsächlichen Anschaffung. Es ist also möglich die vollen 20 Prozent bereits für das Jahr der Anschaffung zusätzlich zur normalen (linearen) AfA als Betriebsausgaben abzusetzen. Dies Sonderabschreibung reduziert aber natürlich den Buchwert der PVA für das folgende Jahr. Zu Beginn des Jahres nach der vollständigen Ausschöpfung der Sonderabschreibung, spätestens aber zu Beginn des fünften Jahres nach Anschaffung der PVA ist dann anhand des dann vorhandenen Restbuchwertes die lineare Abschreibung für die noch fehlenden der 20 Abschreibungsjahre neu zu berechnen. Um zu vermeiden, dass der Begünstigungszeitraum durch vollständigen Verbrauch der Abschreibung früher endet, sollte man sich einen Teil der Sonderabschreibung (1 % oder 100 €) „aufheben".

Die Sonderabschreibungsbeträge sind in Zeile 31 der Anlage EÜR und in der Anlage AVEÜR (Anlageverzeichnis) einzutragen, in letzterer auch die Anschaffungskosten bzw. die Buchwerte der PVA zum Jahresanfang/-ende.

Beispiel mit Sonderabschreibung:

	AfA	**Anschaffungskosten netto**		AfA Linear für Stromherstellur	
			19.000,00 €	950,00 €	
Jahr	Anschaf-fungskosten/ Buchwert	Anzahl Monate AfA im Jahr 1 und 21	Linear	Prozent Sonder-AfA Jahre 1 – 5	Sonder-Afa
2020	19.000,00 €	4	316,67 €	19	3.610,00 €
2021	15.073,33 €		950,00 €	0	0,00 €
2022	14.123,33 €		950,00 €	0	0,00 €
2023	13.173,33 €		950,00 €	0	0,00 €
2024	12.223,33 €		950,00 €	1	190,00 €
2025	11.083,33 €		738,89 €		
2026	10.344,44 €		738,89 €		
2027	9.605,56 €		738,89 €		
2028	8.866,67 €		738,89 €		
2029	8.127,78 €		738,89 €		
2030	7.388,89 €		738,89 €		
2031	6.650,00 €		738,89 €		
2032	5.911,11 €		738,89 €		
2033	5.172,22 €		738,89 €		
2034	4.433,33 €		738,89 €		
2035	3.694,44 €		738,89 €		
2036	2.955,56 €		738,89 €		
2037	2.216,67 €		738,89 €		
2038	1.477,78 €		738,89 €		
2039	738,89 €		738,89 €		
2040	0,00 €	8	0,00 €		

Beispiel ohne Sonderabschreibung:

Jahr	Anschaf-fungskosten/ Buchwert	Anzahl Mona-te AfA im Jahr 1 und 21	Linear	Prozent Son-der-AfA Jahre 1 – 5	Sonder-Afa
2020	19.000,00 €	4	316,67 €	0	0,00 €
2021	18.683,33 €		950,00 €	0	0,00 €
2022	17.733,33 €		950,00 €	0	0,00 €
2023	16.783,33 €		950,00 €	0	0,00 €
2024	15.833,33 €		950,00 €	0	0,00 €
2025	14.883,33 €		950,00 €		
2026	13.933,33 €		950,00 €		
2027	12.983,33 €		950,00 €		
2028	12.033,33 €		950,00 €		
2029	11.083,33 €		950,00 €		
2030	10.133,33 €		950,00 €		
2031	9.183,33 €		950,00 €		
2032	8.233,33 €		950,00 €		
2033	7.283,33 €		950,00 €		
2034	6.333,33 €		950,00 €		
2035	5.383,33 €		950,00 €		
2036	4.433,33 €		950,00 €		
2037	3.483,33 €		950,00 €		
2038	2.533,33 €		950,00 €		
2039	1.583,33 €		950,00 €		
2040	633,33 €	8	633,33 €		

Auf die ferner bestehende Möglichkeit des Investitionsabzugsbetrages nach § 7g Abs. 1 EStG in Jahren vor der Inbetriebnahme gehe ich hier nicht ein. Dies dürfte bei unserem Personenkreis eher von untergeordneter Bedeutung sein.

D2.7 Schuldzinsen/Finanzierungskosten ohne Tilgungsanteil, Versicherungen, Reparaturen/Wartungen/ Reinigungen, sonstige Betriebsausgaben

Diese Betriebsausgaben sind wohl selbsterklärend. Daher werde ich hier nicht weiter darauf eingehen. An welcher Stelle sie in der Anlage EÜR einzutragen sind, werde ich in Abschnitt F noch erläutern.

D2.8 An andere Unternehmer gezahlte Umsatzsteuer (Vorsteuerbeträge)

Unter D2.5 habe ich erläutert, dass die Umsatzsteuer, die von anderen Unternehmern für bezogene Lieferungen und sonstige Leistungen in Rechnung gestellt wurden (z.B. für Anschaffung, Messstellenbetrieb, Wartung oder Reparatur der Anlage), die wir beim Finanzamt als Vorsteuerbeträge geltend gemacht und von diesem erstattet oder verrechnet bekommen haben (vgl. D1.3), im Rahmen der Einkommensteuererklärung als Betriebseinnahme angeben müssen. Im Gegenzug haben wir diese Umsatzsteuerbeträge ja zuvor bezahlt. Deshalb geben wir sie nun in der Zeile 48 der Anlage EÜR als Betriebsausgabe an.

D2.9 An das Finanzamt gezahlte und ggf. verrechnete Umsatzsteuer

Die Umsatzsteuerbeträge, die wie unter D2.4 beschrieben die sonnen GmbH uns aus dem Leistungsaustausch mit ihr, der Gewinnbeteiligung am virtuellen Kraftwerk sowie aus der Vergütung für den im Rahmen einer Netzdienstleistung eingespeisten bzw. zusätzlich bezogenen Solarstrom hat zukommen lassen, und die wir als vereinnahmte Umsatzsteuer den Betriebseinnahmen zugeordnet haben, haben wir ja im Rahmen der Umsatzsteuervoranmeldungen bzw. der Umsatzsteuererklärung an das Finanzamt abgeführt. Deshalb machen wir sie nun in Zeile 49 der Anlage EÜR als Betriebsausgaben geltend.

D2.10 Maßgebliche Beträge bei der Regelbesteuerung und bei der KUR

Unter D1.1 habe ich erläutert, dass und wie man bezüglich der Umsatzsteuerpflicht wählen kann, ob man die KUR in Anspruch nehmen möchte oder der Regelbesteuerung unterliegen möchte. Wir haben uns ja dafür entschieden, zunächst die Regelbesteuerung und erst im 60. Kalendermonat nach

Betriebsbeginn die Kleinunternehmerregelung mit Wirkung ab dem folgenden Kalenderjahr zu wählen. Je nach der für das jeweilige Jahr geltenden Regelung sind die zuvor aufgelisteten Betriebseinnahmen und Betriebsausgaben relevant oder aber auch nicht, und es ist zu unterscheiden, ob die Beträge mit ihrem Netto- oder Bruttobetrag in die jeweilige Zeile der Anlage EÜR einzutragen ist.

Ich habe in der folgenden tabellarischen Übersicht dargestellt, welche Beträge jeweils relevant sind, je nachdem welche Regelung für das Veranlagungsjahr galt:

EÜR Einnahmen relevant und netto oder brutto je nach Umsatzsteuerregelung					
		Regelbesteuerung		Kleinunternehmerregelung	
	Zeile EÜR	relevant	brutto oder netto	relevant	brutto oder netto
Einnahme					
Vergütung für die Einspeisung des produzierten Stromes	14	ja	netto	ja	brutto
Wert des Eigenverbrauchs	20	ja	netto	ja	brutto
vereinnahmte Umsatzsteuer sowie Umsatzsteuer auf unentgeltliche Wertabgaben	16	ja	tatsächliche Höhe	nein	-
vom Finanzamt erstattete und gegebenenfalls verrechnete Umsatzsteuer (Vorsteuerbeträge)	17	ja	tatsächliche Höhe	nein	-
Ausgabe					
Lineare Absetzungen für Abnutzung („Abschreibung"/AfA)	30	ja	netto	ja	wenn zu Beginn Regelbesteuerung: netto Ansonsten: brutto
Sonderabschreibungen	31	ja	netto	ja	brutto
Schuldzinsen/Finanzierungskosten ohne Tilgungsanteil	46/47	ja	tatsächliche Höhe	ja	tatsächliche Höhe
Versicherungen	44	ja	tatsächliche Höhe	ja	tatsächliche Höhe
Reparaturen/Wartungen/Reinigungen	52	ja	netto	ja	brutto
sonstige Betriebsausgaben	40-46, 52-64	ja	netto	ja	brutto
An andere Unternehmer gezahlte Umsatzsteuer (Vorsteuerbeträge)	48	ja	tatsächliche Höhe	nein	-
An das Finanzamt gezahlte und ggf. verrechnete Umsatzsteuer	49	ja	tatsächliche Höhe	nein	-

D2.11 Höhe der Einkommensteuer

Der Gewinn bzw. Verlust aus dem Betrieb der PVA zählt zu dem zu versteuerndem Einkommen. Er wird also zu unserem übrigen zu versteuerndem Einkommen addiert bzw. abgezogen. Ein Gewinn unterliegt also dann dem individuellen Steuersatz, ein Verlust vermindert das insgesamt zu versteuernde Einkommen.

Wenn man wie wir unser Einkommen überwiegend aus nichtselbstständiger Arbeit bestreitet, handelt es sich bei dem Einkommen aus dem Betrieb der PVA nur um Nebeneinkünfte. Hierfür gibt es nach § 46 Abs. 3 EStG den sogenannten Härteausgleich. Sofern die Nebeneinkünfte 410,– € im Jahr nicht übersteigen, bleiben sie danach steuerfrei. Die 410-Euro-Grenze bezieht sich auf den erzielten Gewinn. Übersteigen die Nebeneinkünfte 410,– €, aber nicht den Betrag von 820,– € werden die Einkünfte ermäßigt besteuert.

D2.12 Wirtschaftlichkeitsprognose/Liebhaberei

Nun hat man sich wochenlang mit den einkommensteuerrechtlichen Aspekten einer PVA beschäftigt und letztendlich kann doch alles vergebliche Liebesmüh gewesen sein. Nämlich dann, wenn man alles schön in die Anlagen G und EÜR einträgt, das Finanzamt dann aber zu der Erkenntnis kommt, dass der Betrieb der PVA gar nicht auf Gewinnerzielung ausgerichtet ist und ertragssteuerlich als Liebhaberei gilt. Das kann man als Betreiber von vornherein wollen, wenn man so wenig Arbeit mit dem Finanzamt wie möglich haben will. Man kann es aber auch nicht wollen, weil man sich wie wir insgesamt einen steuerlichen Vorteil dadurch erhofft, dass die Verluste (in der Anfangsphase) mehr Steuern sparen als die Gewinne später (bei geringeren eigenen Einkommen insgesamt, zB Renten) Steuern kosten.

Irgendwie ist man bei dieser Entscheidung wohl der Willkür bzw. dem „pflichtgemäßen Ermessen" der Finanzämter unterworfen. In der „Hilfe für den Betrieb von Photovoltaikanlagen“ des Bayerischen Landesamtes für Steuern findet sich jedenfalls keinerlei Aussage hierzu. Die Internetseite von „pv magazine“ („Photovoltaik-Steuer ganz praktisch Teil 2: Gewinnerzielung versus Liebhaberei“) dagegen geht recht ausführlich mit diesem Thema um.

Die Finanzverwaltung selbst ist in diesem Thema erst einmal auch keine Hilfe. In meinem „Willkommensschreiben“ zur „Aufnahme einer gewerblichen, selbständigen ..... Tätigkeit“ lag eine Bürger-Information mit dem Titel „Unternehmer mit Photovoltaikanlage“ bei. Der letzte Satz dieser Information lautet: „Bei der Einkommensteuer-Jahreserklärung für das Jahr der Inbetriebnahme legen Sie bitte eine Überschussprognose den Unterlagen bei.“ Das war es. Wieso, weshalb, mit welchen Inhalten, mit welchen Konsequenzen? Keinerlei „Bürger-Information“ zu diesem Thema! Es nützt alles nichts. Man muss sich erst einmal mit den einkommensteuerlichen Aspekten einer PVA befassen. Denn für das erste Jahr ist auf jeden Fall eine Einkommensteuererklärung für die PVA abzugeben.

Außer auf der o.g Internetseite habe ich auch kein weiteres Muster o.ä. für eine Überschussprognose gefunden. Die Internetseite bezieht sich auch nur auf eine PVA mit Einspeisevergütung. Also habe ich für uns mit den Besonderheiten der sonnenFlat eine excel-Tabelle dafür gefertigt. Die Abschreibungsdauer einer PVA beträgt 20 Jahre und deshalb ist der sinnvolle Betrachtungszeitraum dafür auch dieser Zeitraum. Für diesen Zeitraum stellen wir alle erwartbaren einkommensteuerrechtlichen Betriebseinnahmen den erwartbaren einkommensteuerrechtlichen Betriebsausgaben gegenüber. Die Differenz ergibt letztendlich den prognostizierten Gewinn oder Verlust.

Bei unserer Überschussprognose liegen folgende Grundangaben vor:

Anschaffungskosten (netto, nur bei KUR brutto)	18.870,30 €
Jährlicher Abschreibungsbetrag: Anschaffungskosten / 20 Jahre	943,52 €
Betriebskosten/Versicherungen jährlich geschätzt	50,00 €
Prognostizierte erzeugte Kilowattstunden/Jahr	5.750,00
Selbstkosten (Abschreibung und Betriebskosten je KWH)	0,1728 €
Gewinnbeteiligung am virtuellen Kraftwerk	75,40 €
Einspeisung kwh	2.473
Vergütung je kwh	0,0877 €
Eigenverbrauch kwh	3.278

Als Betriebskosten habe ich hier lediglich den Anteil der PVA an der Wohngebäudeversicherung berücksichtigt. Die voraussichtlich erzeugten Kilowattstunden/Jahr habe ich dem Angebot des Installateurs entnommen. Die Gewinnbeteiligung ergibt sich aus dem Vertrag über die sonnenFlat. Die Menge der Einspeisung und des Eigenverbrauches errechnet sich aus dem Ergebnis des PV-Rechners der Energieagentur NRW, der einen Eigenverbrauch von 57% und eine Netzeinspeisung von 43% der Anlagenproduktion prognostiziert hat. Mit diesen Grundangaben ergibt sich folgende Überschussprognose:

Einnahmen	
Freistrommenge sonnen (kWh/Jahr)	610
Bruttostrompreis je Kilowattstunde für den Netzbezug €	0,281
Einnahmen aus dem Leistungsaustausch mit sonnen	3.428,20 €
Gewinnbeteiligung am virtuellen Kraftwerk	1.508,00 €
EigenverbrauchSelbstkosten (Eigenverbrauch)	11.326,07 €
Summe	**16.262,27 €**
Ausgaben	
Anschaffungskosten	18.870,30 €
Anlagenchecks	0,00 €
Reinigung nach 10 Jahren	0,00 €
Betriebskosten/Reparaturen	0,00 €
Sonstige (Versicherung, Zählergebühren)	1.000,00 €
Summe	**19.870,30 €**
Steuerlicher Gewinn/Verlust	-3.608,03 €

Die Freistrommenge und der Bruttostrompreis je Kilowattstunde für den Netzbezug ergibt sich ebenfalls aus dem aus dem Vertrag über die sonnenFlat.

Wir haben also laut Überschussprognose einen relativ hohen steuerlichen Verlust zu erwarten. Preissteigerungsraten auf der Einnahmenseite können wir wohl nicht berücksichtigen, da die Werte des Leistungsaustausches sich am Gegenwert der an sonnen abgetretenen Einspeisevergütung orientieren werden, und die ja für 20 Jahre festgeschrieben ist. Beim Eigenverbrauch hängen die Selbstkosten maßgeblich von den Anschaffungskosten ab, die sich ja naturgemäß auch nicht mehr ändern. Mal sehen, wie der Bescheid des Finanzamtes nach Bearbeitung der Einkommensteuererklärung das beurteilen wird.

Ein ganz anderes Ergebnis würde die Überschussprognose übrigens ergeben, wenn man den Betrachtungszeitraum auf 25 Jahre ausdehnen würde.

Einnahmen	20 Jahre	25 Jahre
Freistrommenge sonnen (kWh/Jahr)	610	610
Bruttostrompreis je Kilowattstunde für den Netzbezug €	0,281	0,281
Einnahmen aus dem Leistungsaustausch mit sonnen	3.428,20 €	4.285,25 €
Gewinnbeteiligung am virtuellen Kraftwerk	1.508,00 €	1.885,00 €
EigenverbrauchSelbstkosten (Eigenverbrauch)	11.327,80 €	14.159,75 €
Summe	**16.264,00 €**	**20.330,00 €**
Ausgaben		
Anschaffungskosten	18.870,30 €	18.870,30 €
Anlagenchecks	0,00 €	0,00 €
Reinigung nach 10 Jahren	0,00 €	0,00 €
Betriebskosten/Reparaturen	0,00 €	0,00 €
Sonstige (Versicherung, Zählergebühren)	1.000,00 €	1.250,00 €
Summe	**19.870,30 €**	**20.120,30 €**
Steuerlicher Gewinn/Verlust	-3.606,30 €	209,70 €

Dies ist zudem nicht von der Hand zu weisen, da zum Beispiel unsere Module eine Leistungsgarantie über 25 Jahre haben. Nach 25 Jahren wird immer noch eine garantierte

Ausgangsleistung von 86,2 % versprochen. Hierzu hat ein Urteil des Finanzgerichtes Thüringen (Thüringer FG, Urteil v. 11.9.2019, 3 K 59/18) in der Steuerwelt für Aufsehen gesorgt. Danach darf die Finanzverwaltung bei einer negativen Ergebnisprognose nicht automatisch „Liebhaberei" unterstellen und Verluste der ersten Jahre nicht anerkennen. Eine Liebhaberei komme nur in Betracht, wenn die Tätigkeit auf einkommensteuerrechtlich unbeachtlichen Motiven beruht und sich der Steuerpflichtige nicht wie ein Gewerbetreibender verhält, z. B. wenn die verlustbringende Tätigkeit aus dem Bereich der allgemeinen Lebensführung und persönlichen Neigungen liegenden Gründen (weiter) ausgeübt wird. Bei dem Betrieb einer PV-Anlage spreche zunächst der Beweis des ersten Anscheins dafür, dass sie in der Absicht der Gewinnerzielung betrieben wird. Denn Unternehmen dieser Art sind nach der Lebenserfahrung – anders als Tätigkeiten im Hobbybereich – typischerweise nicht dazu bestimmt und geeignet, der Befriedigung persönlicher Neigungen des Steuerpflichtigen oder der Erlangung wirtschaftlicher Vorteile außerhalb der Einkommenssphäre zu dienen. Im Streitfall gelangte das FG zu der Auffassung, dass die Tätigkeit der Steuerpflichtigen nicht auf einkommensteuerrechtlich unbeachtlichen Motiven beruhte und sie sich wie eine Gewerbetreibende verhalten hatte, indem sie im Rahmen ihrer beschränkten Möglichkeiten alles unternommen hatte, um die Verluste gering zu halten. Für den Laien schwer verständlich, aber konsequent. Dem Finanzamt wird hiermit die Beweislast bei Nichtanerkennung von Verlusten auferlegt. Interessanterweise hat das Finanzamt zunächst Revision eingelegt (Az beim BFH: X R 32/19), die danach jedoch wieder zurückgenommen wurde. Festzuhalten bleibt, dass der Betrieb einer PV-Anlage nicht der Befriedigung persönlicher Neigungen dient, d. h. dass zunächst der Beweis des ersten Anscheins für das Vorliegen einer Gewinnerzielungsabsicht spricht. Vielleicht ist das Schreiben des Bundesministeriums der

Finanzen vom 02.06.2021 (siehe D.2) auch vor diesem Hintergrund zu betrachten.

Wichtig ist hierbei zu berücksichtigen, dass es sich hierbei um eine ausschließlich einkommensteuerrechtliche Betrachtung handelt. Die persönliche Wirtschaftlichkeitsberechnung ist eine ganz andere Sache. Doch dazu später...

E. Von der Auftragserteilung/verbindlichen Bestellung bis zur Inbetriebsetzung der PVA

E1: Die Auftragsbestätigung

Wie unter C6 geschrieben, habe ich am 02. Juli 2020 den Auftrag für den Solarinstallateur unterschrieben. Die Solarbranche boomt derzeit, zudem war Ferienzeit und es gab in allen Bereichen natürlich auch coronabedingte Ausfälle. So dauerte es eben statt der angekündigten vier bis sechs Wochen 7 ½ Wochen, bis die Auftragsbestätigung bei uns eintraf, nachdem ich bei unserem Bekannten nach 6 ½ Wochen mal dezent nach dem Verbleib nachgefragt hatte. Sie entsprach exakt dem zuvor Besprochenen, ich hatte aber auch nichts anderes erwartet.

Wir erhielten aber nicht nur ein einfaches Textdokument, sondern einen Leitzordner, den sogenannten Unabhängigkeitsordner (Werbeslogan „Wir machen die Menschen unabhängig“), der neben der Auftragsbestätigung noch folgendes enthielt:

- eine Liste der Ansprechpartner (persönlicher Berater, technische Leitung, sowie Service & Abwicklung)
- Inhaltsverzeichnis
- Trennblätter für die Bereiche Vertragsdokumente, Technische Dokumentation, EVU-Unterlagen (Energieversorgungsunternehmen, abgekürzt EVU, also der Netzbetreiber), Finanzen und sonstige Unterlagen
- Datenblätter der Solarmodule, des Wechselrichters und der sonnenBatterie
- die Abschlagsrechnung
- eine Checkliste für den weiteren Verlauf

Letztere fand ich wirklich hilfreich, Deswegen stelle ich sie mal in anonymisierter Form hier vor:

Ihr Sonnenkraftwerk – Checkliste für den weiteren Verlauf

Telefonieren mit T Com und automatisch Digits sammeln!

Erster Schritt in die Unabhängigkeit – Sie halten Ihren Unabhängigkeitsordner in den Händen!	
☑	Ihre Auftragsbestätigung ist im Unabhängigkeitsordner enthalten?
☑	Die 1. Abschlagsrechnung ist im Unabhängigkeitsordner enthalten? Die Rechnungsanschrift ist korrekt?
☑	Die Anzahlung für die Anlage ist überwiesen?
☑	sonnenStrom oder sonnenFlat? Die Anmeldung bei sonnen ist erfolgt (Ist der bisherige Stromversorgervertrag gekündigt)? Bei Fragen sprechen Sie uns gern an!
Info:	**Die Lieferung Ihrer Photovoltaikanlage erfolgt nach Eingang Ihrer Anzahlung - in Abhängigkeit von unseren Vorlieferanten - innerhalb von 4 - 12 Wochen.**
☑	Der Liefertermin wurde Ihnen mitgeteilt? Der Unabhängigkeit steht fast nichts mehr im Wege!
☑	Die Anmeldung der Anlage beim regionalen Netzbetreiber ist durch [redacted] erfolgt?
Info:	**PV-Anlagen und Stromspeicher müssen, neben der Anmeldung bei dem MaStR auch bei Ihrem Netzbetreiber angemeldet werden. Gern übernehmen wir diese Anmeldung für Sie. Bevor Ihre Erzeugungsanlage angeschaltet werden kann, kann eine Prüfung durch den Netzbetreiber stattfinden. Wir weisen darauf hin, dass die Anlage bis zur erfolgreichen Überprüfung und dem ggfs. notwendigen Zählerwechsel durch den Netzbetreiber nicht angeschaltet werden darf. Bei Zuwiderhandlung verlieren Sie ggfs. Ihren Anspruch auf Einspeisevergütung.**
☒	Sie haben die 2. Rechnung erhalten? Die Zahlung bei Lieferung der Anlage ist vorbereitet?
Der Montagetermin steht an und die Unabhängigkeit rückt immer näher!	
☒	Haben die Monteure Zugang zu benötigten Räumen? Haben Sie für Baufreiheit gesorgt?
Nach der Montage der PV-Anlage und/oder des Speichers:	
☑	Ist die Anmeldung der PV-Anlage und/oder des Speichers beim Marktstammdatenregister (MaStR) erfolgt?
Info:	**Folgende Webseite müssen Sie für die Anmeldung besuchen: marktstammdatenregister.de/MaStR. Im Anschluss erhalten Sie eine Anmeldebestätigung mit Registrierungsnummer. Gern hilft Ihnen Ihr Projektberater bei Fragen zur Registrierung beim MaStR!**
☑	Der Netzbetreiber hat mir einen Termin zum Zählerwechsel vorgeschlagen. [redacted] **wurde von mir über diesen Termin informiert?**
Die letzten Schritte in die Unabhängigkeit!	
☑	Die Anmeldung beim Finanzamt und gegebenenfalls die Gewerbeanmeldung ist erfolgt?
Info:	**Sie erzielen gewerbliche Einkünfte mit Ihrer Photovoltaikanlage. Sprechen Sie mit Ihrem Steuerberater und/oder mit Ihrem Finanzamt die notwendigen Schritte ab.**
☒	Der Versicherungsberater wurde über die Installation des Sonnenkraftwerkes informiert, meine Versicherungen wurden angepasst?
Info:	**Haben Sie sich für die LUMIT-Anlagenversicherung entschieden, ist Ihre PV-Anlage inkl. Stromspeicher für das Jahr der Montage und das Folgejahr abgesichert.**
☑	Haben Sie die Flashlisten für die Module, Mess- und Prüfprotokolle, Garantieverlängerungen für Ihren Wechselrichter sowie Kenntnisnahme erhalten?
Info:	**Nach der Montage erhalten Sie von unserer Abwicklungsabteilung alle, für Sie relevanten Unterlagen. Haben Sie sich für Panasonic-Module oder Winaico-Module entschieden, erhalten Sie auch alle relevanten Informationen zur Beantragung der Garantieverlängerung.**
☑	Haben Sie Ihre Schlussrechnung erhalten? Nun können Sie die Handwerkerleistungen steuerlich geltend machen.
Info:	**Sobald Ihr Kundenkonto bei uns ausgeglichen ist, erhalten Sie automatisch die Schlussrechnung i.d.R. mit 0,00 € Forderungsbetrag von der Buchhaltung. Die Handwerkerleistungen werden ausgewiesen. Bitte sprechen Sie Ihren Steuerberater auf die Handwerkerleistungen an.**
☐	Haben Sie den Fragebogen nach Installationsabschluss erhalten und Ihr Feedback [redacted] abgegeben?

Die Abschlagszahlung war innerhalb von einer Woche fällig. Nach Eingang der Anzahlung beim Installateur beginnt dieser dann die weiteren Schritte zu disponieren. Da wir voller Vorfreude waren, haben wir mit unserem guten Bekannten schon am selben Tage den Montagetermin per E-Mail für den 28. und 29. September 2020 vereinbart. Es wäre von Seiten des Installateurs her auch schon eine Woche früher gegangen, aber da hatten wir schon eine Urlaubsreise gebucht.

E2: Der Abschluss der sonnenFlat

Im Kapitel C6 habe ich bereits über die Grundsätze der sonnenFlat geschrieben. Am 24. August 2020 - also zeitgleich mit der Auftragsbestätigung über die PVA - habe ich per E-Mail unser individuelles sonnenFlat-Angebot erhalten, das nach den Angaben des „Fachpartners“ , also unseres Installateurs, erstellt wurde:

Ihr individueller sonnenFlat Vertrag:

Grundgebühr 0 €/Monat

Monatlicher Abschlag: 23,39 €/Monat

Prognostizierter Netzbezug oberhalb der Freistrommenge 999 kWh/Jahr

Strompreis für Netzbezug oberhalb der Freistrommenge 28,1 ct/kWh

Prognostizierter Cashback 0 €/Jahr

Prognostizierte ungenutzte Freistrommenge 0 kWh/Jahr

Rückvergütung für ungenutzte Freistrommenge 28,1 ct/kWh

Gewinnbeteiligung für Netzstabilisierung mind. 75,4 €/Jahr

Freistrommenge–verfügbar für Ihren Netzbezug 610 kWh/Jahr

Diese Daten habe ich dann mit den aktuellen Prognosedaten der Auftragsbestätigung herangezogen, um einen Vergleich mit dem „normalen“ Netzbezug vorzunehmen. Unsere PVA soll voraussichtlich ca. 5.750 kWh jährlich erzeugen, einen Eigenverbrauch von 3.278 kWh (57 %) und eine

Netzeinspeisung von 2.473 kWh (43 %). Zugrunde gelegt wird ein eigener Gesamtverbrauch von 4.300 kWh. Zusätzlich konnte ich nun auch den konkret feststehenden Betrag für die Einspeisevergütung in Höhe von 8,77 ct/kWh berücksichtigen.

Normaler Netzbezug:

Einnahmen Netzeinspeisung: 2.473 x 0,0877 € = 216,88 €

Kosten Netzbezug lt. Verivox für 1.022 kWh: 371,86 €

(Grundgebühr 98,55 €, Arbeitspreis 0,2673 €/kWh)

Gesamtkosten: 154,98 €

sonnenFlat:

Kosten Netzbezug sonnenFlat: 413 kWh x 0,281 € = 116,05 €

Gewinnbeteiligung Netzstabilisierung: 75,40 €

Gesamtkosten: 40,65 €

Damit ist die sonnenFlat 114,33 € günstiger im Jahr.

Aus unserer Sicht sprach also alles für die sonnenFlat. Ich werde aber natürlich laufend die tatsächlichen Werte und die aktuellen Strompreise beobachten und weiter Vergleichsberechnungen vornehmen. Auch hierfür habe ich eine Tabellenkalkulation entworfen, die auch die unterschiedliche Belastung mit der Umsatzsteuer berücksichtigt und die ich später noch vorstellen werde.

Da der Strombezugspreis auch ohne dass die PVA bereits in Betrieb und die Freistrommenge aktiviert ist recht günstig ist, haben wir unseren bisherigen Stromvertrag zum Ablauf des 30. September 2020 gekündigt und sonnen zum 01. Oktober 2020 generell als Stromlieferanten gewählt. Am 31. August 2020 wurde uns die sonnenFlat dann bestätigt und wir erhielten bereits unseren Zugang zum sonnen Kundenportal, zur my sonnen App und der sonnenCharger App.

E3: Die Terminbestätigung zur Montage

Die Anzahlung haben wir am 24. August 2020 überwiesen. Am 27. August kam per E-Mail die Eingangsbestätigung. Der Installateur würde nun die nächsten Schritte planen und unser Projekt in die Abwicklungsabteilung übergeben. Diese werde sich in den nächsten Tagen bezüglich der Terminvereinbarung mit uns in Verbindung setzten. Ferner hieß es: „Bitte beachten Sie, dass die Montage der Module zwei bis drei Tage in Anspruch nehmen kann. Auch die Elektromontage kann zwei Tage in Anspruch nehmen. Diese beiden Termine werden getrennt voneinander geplant, dennoch versuchen wir beides zusammenzulegen, um Ihnen einen weiteren Aufwand zu ersparen. Wir hoffen auf Ihr Verständnis, falls uns dies nicht gelingen sollte."

Nun hatten wir ja schon den Termin vereinbart, was auch gut so war. Denn das „in den nächsten Tagen in Verbindung setzen" hat dann nicht so gut geklappt. Erst am 21. September, also eine Woche vorher, bekamen wir die „offizielle" Bestätigung für den Montagetermin. Das kann natürlich auch damit zusammenhängen, dass wir ja mit unserem Bekannten schon vorher alles vereinbart hatten und der Installateur da keine Notwendigkeit sah, dass länger vorher anzukündigen bzw. zu bestätigen.

Die Bestätigung enthielt aber auch noch einen Passus, der uns ein wenig verunsicherte und unsere Hoffnung auf einen möglichst schnellen Beginn der Stromproduktion erheblich dämpfte: „Leider müssen wir Ihnen auf Grund der zunehmenden Bürokratie und Umstellung der Antragsunterlagen bei den Energieversorgern auf die neue „VDE-AR 4105" - inklusive der dazugehörigen Formulare - mitteilen, dass die Bearbeitungszeit von der Anmeldung bis zur

Inbetriebnahme Ihrer PV-Anlagen gravierend zugenommen hat. Wir bitten daher um Ihr Verständnis, dass sich der Zeitpunkt der Inbetriebnahme durch den Energieversorger (Zählersetzung) nach der Installation der vollständigen Anlage um mehrere Wochen verzögern kann. Sobald Sie den Termin für den Zählerwechsel von Ihrem Netzbetreiber bekommen haben, teilen Sie uns diesen bitte mit. Unser Elektromeister muss den Zählerwechsel abnehmen um danach ein Inbetriebsetzungsprotokoll auszufüllen. Wir weisen aber ausdrücklich darauf hin, dass die Erzeugungsanlage bis zur Inbetriebsetzung durch den Energieversorger nicht eingeschaltet werden darf, da es sonst zum Verlust der Einspeisevergütung kommen kann!"

E4: Die Montage der PVA

Eine Rückfrage bei unserem Bekannten ergab, dass der Installateur selbst innerhalb von zwei bis drei Arbeitstagen die PVA beim Netzbetreiber anmelden wird. Der Netzbetreiber benötige momentan aber durchaus vier bis acht Wochen bis zum Zählerwechsel. Blöd, aber auch dazu später mehr...

Am 28. September erschienen zunächst die Monteure der Solarmodule überpünktlich um 07:45 Uhr. Dies waren keine eigenen Angestellten des Installateurs, sondern eine beauftragte Dachdeckerfirma aus dem Nachbarort. Eine dreiviertel Stunde später folgten die Elektriker des Installateurs, nochmal eine halbe Stunde später unser Bekannter als persönlicher Betreuer.

Die Modulmonteure waren für die Anbringung der Module auf dem Dach sowie die Verkabelung der Module untereinander und der Verlegung der Kabel vom Dach über den Dachboden auf die gegenüberliegende Hausseite und die Hauswand mit Kabelkanal entlang mit Wanddurchbruch in den Elektrokeller bis zum Wechselrichter. Zu erwähnen ist auch, dass die Monteure sämtliches Material, also auch die Module, zum Termin mitgebracht haben. Bei anderen Installateuren wird das Material vorab geliefert und muss dann auf dem Grundstück irgendwo sicher zwischengelagert werden. Den Wechselrichter selbst haben sie auch am Ort unseres Wunsches angebracht und schließlich eine Spannungsmessung zur Prüfung durchgeführt. Abschließend gab es noch einen Besichtigungsflug mit der Drohnenkamera und das Übergabe-Messprotokoll wurde von mir unterschrieben. Ich sollte es dann zu einem späteren Zeitpunkt zusammen mit allen anderen Protokollen und Dokumentationen zugesandt bekommen. Obwohl ursprünglich ja zwei bis drei Tage hierfür angekündigt waren, dauerte das Ganze lediglich sieben Stunden.

Zusätzlich machten uns die Monteure noch auf einen gesprungenen Ortgang auf dem Dach aufmerksam. Der Riss sei wohl schon älter, da er schon mit Moos bewachsen sei, sollte aber doch bei Gelegenheit ausgetauscht werden, um künftige Wasserschäden am Mauerwerk auszuschließen. Sie wissen nicht, was ein Ortgang ist? Wussten wir bis dahin auch nicht! Der Ortgang bezeichnet den seitlichen Abschluss der Dachfläche am senkrecht stehenden Giebel. Der Ortgang verbindet das Ende der Dachtraufe mit dem des Dachfirsts. Er schneidet sich mit keinen anderen Dachschrägen und wird als Stirn des Hauses bezeichnet. Ein Ortgangziegel ist also ein seitlich abschließender Dachziegel. Wir haben uns jedenfalls daraufhin einen entsprechenden Ortgangziegel selbst besorgt und von unserem Dachdecker des Vertrauens später einsetzen lassen.

Die Elektriker ließen sich von mir erst einmal die Orte zeigen, an denen die sonnenBatterie und der neue, zusätzliche Zählerschrank angebracht werden sollten. Nachdem unser Bekannter hinzugekommen war, wurde alles noch einmal konkret besprochen. Wichtig war hierbei auch die Verlegung der Kabel, da sich der bisherige Zählerschrank, der mit der sonnenBatterie zu verbindende Internetrouter und die gesamte Elektroverteilung im Hausanschlusskeller waren und blieben, die neuen Komponenten aber im Vorkeller installiert wurden. Der neue Zählerschrank neben der sonnenBatterie beinhaltet nun die Hauptverteilung, der alte Zählerschrank mit allen Sicherungen blieb bestehen und bildet nun die Unterverteilung der Elektrik. Zum Ende des ersten Tages der Elektroinstallation wurde noch sicherheitshalber ein zusätzlicher Staberderset verbaut. Es war soweit alles vorbereitet, aber noch nicht angeschlossen. Das machte dann am nächsten Tag der „zertifizierte" Elektrikermeister, der mir mittags nochmal alles erklärte. Er zeigte mir, wie man den Wechselrichter ein- und ausschaltet, die Fehlermeldungen der sonnenBatterie deutet und ggf. Abhilfe schafft. Er wies auch ausdrücklich darauf hin, dass die PVA am Wechselrichter erst eingeschaltet werden darf, wenn der neue Zähler vom Netzbetreiber installiert und der Elektromeister des Installateurs möglichst gemeinsam mit dem Netzbetreiber den Zählerwechsel abgenommen hat sowie das Inbetriebsetzungsprotokoll erstellt wurde. Dann ging er mit mir noch das Installations-, Mess- und Prüfprotokoll durch und ließ es von mir unterschreiben. Auch dies sollte ich dann später mit allen anderen Unterlagen und Protokollen erhalten.

Unser Bekannter und persönlicher Betreuer hat an beiden Tagen jeweils für zwei Stunden die Arbeiten koordiniert. Am ersten Tag hat er vormittags auch an meinem Computer sowohl die Solaranlage als auch den Stromspeicher beim Marktstammdatenregister der Bundesnetzagentur online registriert. Die Bestätigungen kamen innerhalb von einer Stunde per E-Mail. Zum Ende der Montagearbeiten hat er dann noch eine Beratung zur Übergabe der PV- Anlage (Anmeldung beim Finanzamt etc.) durchgeführt und darüber ein Protokoll erstellt. Alles in allem waren wir mit dem Montagetermin sehr zufrieden. Es ging schneller als erwartet und komplikationslos über die Bühne.

Während des zweiten Montagetages kam mittags eine E-Mail mit einem Link, um den Garantieanspruch für die sonnenBatterie zu aktivieren.

Nun hieß es also warten, dass der Netzbetreiber sich wegen des Zählerwechsels meldet...

E5: Die Inbetriebsetzung

Zum 01. Oktober begann zunächst meine Stromlieferung durch die sonnenFlat. Die Zählerstände zu diesem Tag habe ich sowohl an den Netzbetreiber als auch an den bisherigen Stromlieferanten gemeldet, dessen Schlussrechnung ich am 09. Oktober 2020 erhielt. Da die PVA noch nicht lief, wurde ich also zunächst von sonnen außerhalb der Freistrommenge mit Strom zu einem Preis von 0,281 €/kWh beliefert.

Am 07.10.2020, also acht Tage nach der Inbetriebnahme, erhielt ich eine E-Mail des EVU/Netzbetreibers. Er hätte meine Anmeldung und Unterlagen erhalten (wohl eher vom Installateur). Um einen reibungslosen Ablauf zum Anschluss unserer Erzeugungsanlage an das Stromnetz zu gewährleisten, würde ich im Anhang dieser E-Mail einige Hinweise und Dokumente finden, die er bis zur Inbetriebsetzung ausgefüllt benötigte.

Neben einem standardisierten Informationsschreiben ging es zum einen um die „Erklärung des Betreibers einer EEG-, KWKG- oder konventionellen Erzeugungsanlage zur EEG-Umlagepflicht". Dass ich dieses Dokument selbst ausfüllen musste, habe ich ja noch eingesehen. Es sah dann so aus:

Erklärung des Betreibers einer EEG-, KWKG- oder konventionellen Erzeugungsanlage zur EEG-Umlagepflicht

Hinweis: Auch Speicher sind Stromerzeugungsanlagen im Sinne des EEG.
Für Speicher ist ein gesonderter Speicherbogen auszufüllen.

Vorgangsnumme[redacted]

Die Erklärung erfolgt als:

- ☒ Neuanmeldung (die Anlage war bisher noch nicht in Betrieb)
- ☐ Umstellung der Art des Versorgungskonzeptes (Eigenversorgung/Drittbelieferung oder sonstiger Letztverbrauch/Volleinspeisung)
- ☐ Änderung / Ergänzung der Basisangaben für EEG-Anlagen oder hocheffiziente KWK-Anlagen

Angaben zum Anlagenbetreiber

[redacted]
Name

[redacted]
Straße, Hausnummer

[redacted] [redacted]
PLZ **Ort**

Angaben zur Stromerzeugungsanlage

[redacted]
Straße, Hausnummer

[redacted] [redacted]
PLZ **Ort**

28.09.2020
Datum der ersten Inbetriebnahme / ~~Datum der Änderung~~

6 kWp /24
Leistung der Anlage [kW bzw. kWp bei Solar] und Anzahl der Generatoren/PV-Module

Anlagenschlüssel/Vertragskontonummer/Projektnummer

Zutreffendes bitte ankreuzen:

Anlagentyp:

- ☒ Solar
- ☐ Wind
- ☐ Biomasse/ Biogas/ Biomethan/ Deponiegas/ Klärgas/ Grubengas
- ☐ Geothermie
- ☐ Wasser
- ☐ Hocheffiziente KWK-Anlage im Sinne von §61c Nr. 1 EEG 2017
- ☐ Konventionelle Erzeugungsanlage oder nicht hocheffiziente KWK-Anlage

Angaben zum Versorgungskonzept

Zutreffendes bitte ankreuzen:

☐ Der gesamte aus der betreffenden Anlage erzeugte Strom wird in das Netz des Anschlussnetzbetreibers eingespeist (Volleinspeisung/ kaufm.-bilanzielle Weitergabe) [1]

☐ Aus der betreffenden Anlage versorge ich (auch) andere Letztverbraucher mit Strom oder leite Strom auch an eigene Verbrauchsstellen über das öffentliche Netz. [2]

☒ Ich betreibe die Anlage in Überschusseinspeisung und versorge ausschließlich mich selbst mit Strom (Eigenversorgung gem. § 3 Nr. 19 EEG 2017)
☒ in diesem Fall bitte ergänzend die folgenden Angaben ausfüllen:

Angaben zur Anlage

Zutreffendes bitte ankreuzen:

☐ Meine Anlage hat eine Leistung von maximal 1 kW.

☒ Meine Anlage ist eine Solaranlage mit maximal 7 kWp

☐ Meine Anlage ist eine Solaranlage mit einer Leistung über 7 kWp bis maximal 10 kWp. Die maximale Stromerzeugung meiner Anlage liegt unter 10.000 kWh pro Jahr aufgrund der / des

- ☐ geographischen Lage
- ☐ teilweisen Beschattung
- ☐ Ausrichtung der Anlage (West, Süd, Ost)
- ☐ Neigungswinkels: ____________________°

☐ Meine Anlage erzeugt mehr als 10.000 kWh pro Jahr, ist aber kleiner 10 kW(p).

☐ Meine Anlage hat eine Leistung größer 10 kW(p)

☐ Meine Anlage erfüllt keine der oben genannten Kriterien. Die Anlagenleistung beträgt maximal 10 kW(p). Der Verbrauch des durch die Erzeugung zumindest teilweise versorgten Objektes kann aus den folgenden Gründen den Grenzwert von 10.000 kWh pro Jahr nicht überschreiten [3]:

____

____

☐ Meine Anlage ist eine hocheffiziente KWK-Anlage und erzeugt Strom nicht ausschließlich auf Basis von gasförmigen Brennstoffen und
wurde bereits vor dem 01.01.2018 zur Eigenversorgung genutzt
wurde erst nach dem 01.01.2018 erstmalig *durch mich* zur Eigenversorgung, aber bereits vor dem 01.08.2014 zur Eigenversorgung genutzt.

---

[1] In diesem Fall sind keine weiteren Angaben erforderlich. Bitte den Fragebogen unterschrieben an die E.DIS Netz GmbH zurücksenden.
[2] In diesem Fall ist für die Erhebung der EEG-Umlage der Übertragungsnetzbetreiber gem. § 61j Abs. 1 EEG 2017 zuständig. Bitte wenden Sie sich an den ÜNB: 50Hertz: http://www.50hertz.com/de/EEG/EEG-Abwicklung/Anmeldung-zur-EEG-Umlage
[3] Bitte begründen und entsprechende Nachweise beilegen.

☒ Der eigenverbrauchte Strom aus dieser Anlage wird in der Stromerzeugungsanlage oder in deren Neben- und Hilfsanlagen zur Erzeugung von Strom im technischen Sinne verbraucht (Kraftwerkseigenverbrauch gem. § 61a Nr. 1 EEG 2017).[4]

☐ Meine Anlage hat einen geeichten Erzeugungszähler.[5]

Serialnummer: ______________________________

Angaben zum Batteriespeicher

☐ Ich betreibe kein Batteriespeichersystem
☒ Ich betreibe ein Batteriespeichersystem von max. 10 kW
☐ Ich betreibe ein Batteriespeichersystem von größer 10 kW

Die genaue Nennleistung des installierten Batteriespeichers beträgt

[illegible],4 kW
Bitte genaue Nennleistung angeben

☐ Mein Batteriespeicher hat eine eigene Messeinrichtung

Serialnummer: ______________________________

Ich bestätige die Richtigkeit aller gemachten Angaben.

Über Änderungen werde ich den zuständigen Netzbetreiber unverzüglich schriftlich oder per E-Mail/Fax informieren.

Ort, Datum [redacted] [illegible] [redacted]
Vorname Name Unterschrift

[4] Der Kraftwerkseigenverbrauch muss gesondert von umlagepflichtigen Energiemengen durch geeichte Messeinrichtungen erfasst werden. Andernfalls kann die Reduzierung der EEG-Umlage auf 0 Prozent nicht berücksichtigt werden.
[5] Abrechnungsrelevante Messeinrichtungen müssen mess- und eichrechtskonform sein und die Anforderungen des Messstellenbetriebsgesetzes erfüllen.

Darüber hinaus war als Anlage aber auch die Inbetriebsetzungsanmeldung für Erzeugungsanlagen, die Anzeige der Inbetriebnahme nach § 3 Nr. 30 EEG und das Inbetriebsetzungsprotokoll einer Erzeugungsanlage ≤ 30 kW beigefügt. Also die Sachen, die der Installateur eigentlich schon übermittelt haben sollte. Zudem sollte ich über einen Link meine Bank- und Steuerdaten für die Einspeisevergütung mitteilen. Nun hatte ich da meine Zweifel, da ich ja meinen Anspruch auf Einspeisevergütung im Rahmen der sonnenFlat an sonnen abgetreten hatte. Und eine neue Steuernummer für den Betrieb der PVA hatte ich noch nicht. Ein Anruf beim Netzbetreiber brachte zunächst kein zufriedenstellendes Ergebnis. Die Inbetriebsetzungsanmeldung etc. würden dort noch nicht vorliegen. Bank- und Steuerdaten (zunächst meine aktuelle Steuernummer für die Einkommensteuererklärung) sollte ich trotzdem per Link mitteilen, das würde dann später automatisch geändert.

Das mit der Inbetriebsetzungsanmeldung für Erzeugungsanlagen, der Anzeige der Inbetriebnahme nach § 3 Nr. 30 EEG und dem Inbetriebsetzungsprotokoll wollte ich dann telefonisch mit dem Installateur klären, den ich aber am 08. Oktober nicht erreicht habe. Am 10. Oktober fand dort ein Tag der offenen Tür statt. Also bin ich an diesem Tag dorthin gefahren, um jemanden persönlich anzusprechen, ob die entsprechenden Unterlagen an den Netzbetreiber übermittelt wurden oder nicht. Leider war niemand vor Ort, der für die Meldungen an das EVU zuständig ist. Eine nette Mitarbeiterin notierte sich aber mein Anliegen und versprach den zuständigen Mitarbeiter am folgenden Montag um Klärung zu bitten. Ich sollte aber die Betreibererklärung und meine Bank- und Steuerdaten schon einmal dem Netzbetreiber übersenden, was ich dann am 11. Oktober auch tat. Am 12. Oktober erhielt ich mittags eine E-Mail des zuständigen Mitarbeiters des Installateurs, in der mir versichert wurde, dass die Anmeldung bereits erfolgt sei. Als Beweis hierfür fügte er die von dem EVU an mich versandten Fragebögen bei, die bereits ausgefüllt und zusammen mit der Registrierung im Marktstammdatenregister an die E.DIS übergeben worden sei. Tatsächlich wiesen die mir vorgelegten Inbetriebsetzungsanmeldungen und

Inbetriebsetzungsprotokolle sowohl für die Erzeugungsanlage als auch für den Speicher ein Eingangsdatum beim EVU vom 29. September aus. Nach der Eingabe der Bank- und Steuerdaten durch mich werde sich die Netzgesellschaft bzgl. eines Zählersetzungstermin bei mir melden. Diesen möge ich bitte mitteilen, da bei Zählertausch ein Kollege des Installateurs mit dabei sein werde und die Erzeugungsanlage auch gleich für uns einschalte.

Für mich gab es also erst einmal nichts weiter zu tun. Der Grund für die Verunsicherung schien beim EVU zu liegen. Man sieht also, dass es immer mal auch zu Kommunikationsproblemen der unterschiedlichen Beteiligten kommen kann. Nach meiner Erfahrung lässt sich aber jede Unklarheit mit einem freundlichen Telefonat oder einer freundlichen E-Mail recht zügig beseitigen.

Am Mittwoch, dem 14. Oktober rief dann auch die „Deutsche Zählergesellschaft" bei mir an. Sie werde für den Netzbetreiber den Zählerwechsel durchführen. Wir vereinbarten hierfür als Termin Freitag, den 23. Oktober 2020, was ich auch sofort dem Installateur per E-Mail mitteilte.

Am 21. Oktober 2020 hat sonnen meine Freistrommenge aktiviert. Eigentlich hätte das schon zum Monatsanfang passieren müssen. Auf der Internetseite heißt es. „Ihre Freistrommenge ist für Sie reserviert ab dem Zeitpunkt der Inbetriebnahme Ihrer Photovoltaikanlage und sonnenBatterie (entscheidend ist das Inbetriebnahmedatum, das in der Anmeldung Ihrer Anlage an die Bundesnetzagentur kommuniziert wird)." Ist aber letztendlich egal, wichtig war mir, dass mir für diese Zeit keine zusätzliche monatliche Grundgebühr in Höhe von 10,- € berechnet wurde. Dies scheint wohl nur der Fall zu sein, wenn die Zeit bis zur „Stromproduktion" mehr als einen Kalendermonat umfasst. Leider sind die FAQs auf der Internetseite nicht sehr eindeutig. In den AGB heißt es unter 4.1.3.3: „Die Freistrommenge bezieht sich auf ein volles Abrechnungsjahr. Sie wird gewährt ab Inbetriebnahme und Registrierung der sonnenBatterie bei der sonnen GmbH sowie Inbetriebnahme der Erzeugungsanlage, d.h. die Fertigmeldung der Photovoltaikanlage wurde vollzogen und der 2-Richtungszähler des zuständigen Verteilernetzbetreibers gesetzt." Das wäre dann aber eigentlich erst am 23. Oktober der Fall gewesen. Unter 4.3 heißt es weiter: „Die Parteien können vereinbaren, dass der Kunde vor Inbetriebnahme des Sonnenkraftwerks mit Strom beliefert wird. Die Freistrommenge wird jedoch erst dann aktiviert, wenn vorgenannte Voraussetzungen erfüllt sind. Der durch den Kunden hierfür zu zahlende Arbeitspreis ergibt sich aus Angebot und Auftragsbestätigung. Weiter hat der Kunde bis zur Inbetriebnahme des Sonnenkraftwerks monatlich einen Beitrag i.H.v. EUR 10,00 brutto zur Deckung entstehender Fixkosten zu zahlen."

Zum Termin erschienen dann auch alle pünktlich, der Herr von der „Deutschen Zählergesellschaft", der Elektrikermeister des Installateurs und unser Bekannter. Der Wechsel selbst ist an und für sich keine große Sache. Wichtig ist nur, dass man jetzt bei einem Zweirichtungszähler zwei wesentliche Werte hat. Der Zweirichtungszähler ist eine Kombination aus Einspeisezähler und Bezugszähler. Es handelt sich also um zwei Zähler in einem, die getrennt voneinander ihre Werte ermitteln. Ein Zählwerk misst, wie viel Strom in das öffentliche Netz gelangt. Ein zweites Zählwerk erfasst den Strom, den der Haushalt aus dem öffentlichen Netz bezieht. Die Anzeigen erfolgen unter der sogenannten OBIS-Kennzahl. Diese Zahl wird für die Zuordnung des Zählerstandes benötigt und gibt lediglich an, um was für ein Zählwerk es sich bei Ihnen handelt. Der Strombezug aus dem Netz wird beispielsweise unter der Kennzahl 1.8.0 angezeigt. Die ins Netz eingespeiste Menge sieht man unter der OBIS-Kennzahl 2.8.0. Die Anzeige wechselt im Betrieb regelmäßig zwischen den jeweiligen Kennzahlen und Zählerständen. Das Inbetriebsetzungsprotokoll wurde nun direkt von der

„Deutschen Zählergesellschaft“ an den Netzbetreiber gesendet, die Anlage wurde „scharfgeschaltet“ und das Abenteuer Solarstromerzeugung konnte beginnen.

Das Projekt „sonnenKraftwerk“ oder PVA im allgemeinen erfordert eine Menge Zeiteinsatz, Arbeit und Geduld. Aber ich hoffe es lohnt sich, es ist ja ja schließlich eine Investition für die nächsten mindestens 20, besser 25 bis 30 Jahre. Nochmal zur Verdeutlichung: Bei uns sind von der Entscheidung, sich Angebote einzuholen bis verbindlichen Bestellung vier Monate vergangen. Von da an bis zur tatsächlichen Stromerzeugung dauerte es noch einmal fast vier Monate. Insgesamt sind also acht Monate ins Land gegangen.

F. Steuerformulare und Tabellenkalkulationen zur Berechnung und Dokumentation der Werte

In diesem Kapitel werde ich über meine Erfahrungen mit den Steuerformularen und meine Erstellung von Tabellenkalkulationen zur Berechnung der Werte hierfür berichten. Aber schließlich wollte ich nicht nur Berechnungen für das Finanzamt anstellen, sonder auch für mich privat zur Dokumentation des Anlagenbetriebes. Derzeit bestehen meine Kalkulationen aus folgenden Modulen:

- Erläuterungen
- Wirtschaftlichkeitsprognose Finanzamt (und andere Prognosen)
- Witschaftlichkeitsprognose Privat
- UStvoranmeldung Jahr 1 bis 3
- USt- Erklärungen
- EÜR
- Witschaftlichkeitsprotokoll Privat
- sonstige Ausgaben
- Monatswerte (der PVA und des Stromverbrauches)
- Jahreswerte (der PVA und des Stromverbrauches)
- Vergleich sonnen Einspeisevergütung (jahresweise)
- Ausfüllhilfe EÜR FA Bayern (nur als Bild)
- (durchschnittlicher) Stromverbrauch im Jahresverlauf

Ich möchte ausdrücklich darauf hinweisen, dass die Tabellen auf meine Bedürfnisse zugeschnitten sind und sich insbesondere auf die sonnenFlat beziehen. Diese ist aber auch derzeit eines der kompliziertesten Produkte hinsichtlich der Berechnung der Werte zur Umsatz- und Einkommensteuer. Für andere Cloudlösungen oder gar „nur" das Einspeisen des nicht selbst genutzten Stromes ins öffentliche Netz und dem Bezug der Einspeisevergütung ist es aber auch sicherlich mit geringen excel- Kenntnissen möglich, sich die Tabellen recht zügig an seine individuellen Bedürfnisse anzupassen. Wie der erfahrene User von Tabellenkalkulationen weiß, ist es natürlich immer ratsam, die Originaldatei zu erhalten und mit Kopien zu arbeiten und sichere Arbeitsstände zwischenzuspeichern.

Ich werde nun die Tabellen im einzelnen hier abbilden, vorstellen und auf jedes Tabellenblatt sowie fast jede Zelle der Blätter eingehen. So könnte man das Folgende auch als „Benutzerhandbuch" verwenden.

Ich möchte an dieser Stelle noch einmal ausdrücklich darauf hinweisen, dass ich zwar die Tabellenkalkulationen nach bestem Wissen und Gewissen, aber ohne Gewähr für die Richtigkeit und Rechtmäßigkeit erstellt habe. So wie dieses Buch natürlich keine Steuerberatung ist, sollen auch die Tabellen in keinster Weise eine steuerliche Beratung darstellen. Es soll allein der allgemeinen Wissensvermittlung dienen sowie sich wiederholende und standardisierte Berechnungen von Werten vereinfachen. Für Fragen und Hilfen zu ihrem Individuellen Steuerfall suchen Sie bitte die Hilfe einer Person auf, die nach dem Steuerberatungsgesetz beraten darf. Das sind z.B.: Steuerberater, Anwälte und Lohnhilfevereine.

Grundsätzliches: Ich habe bewusst darauf verzichtet, berechnete, also mit Formeln hinterlegte Zellen zu sperren. So bleiben die Tabellen in ihrer Funktionalität transparent und jeder kann sie nach Lust und Laune verändern und seinen individuellen Ansprüchen anpassen. Daher sollte man als User aber auch entsprechend vorsichtig sein und vor Eingabe in einer Zelle prüfen, ob man nicht eine Formel damit „zerschießt". Die unterschiedlichen Zellenfarben signalisieren, ob es sich um ein

Eingabefeld, eine berechnete Zelle oder einen Wert für die Eingabe in eine bestimmte Zeile der Steuerformulare handelt:

- hellblau (bei schwarz/weiss: grau): Eingabefeld
- weiß: berechnetes Feld
- rot: Wert für die Eingabe in eine bestimmte Zeile der Steuerformulare

Bei den roten Feldern ist wiederum Vorsicht geboten. Hier kann es sich sowohl um eine berechnetes als auch um ein Eingabefeld handeln. Das ist aber mit einem Klick in das Feld schnell zu erkennen. Sollten Sie Interesse an den Tabellenkalkulationen haben, stelle ich sie Ihnen gerne zur Verfügung. Wenn Sie mir einen Beleg über den rechtmäßigen Erwerb dieses Buches an die E-Mail-Adresse petersonnenzar(at)gmail.com senden, maile ich sie Ihnen zu.

F1. Erläuterungen

Ich verzichte hier mal auf die Abbildung des ersten Tabellenblattes. In diesem gebe ich nur ein paar grundsätzliche Hinweise zum Aufbau der Tabellen, rechtliche Hinweise und einige Links zu interessanten Artikeln im Internet rund das Thema Photovoltaik, wie ich sie zum Teil auch schon in diesem Buch aufgeführt habe.

F2. Wirtschaftlichkeitsprognose Finanzamt

Dieses Tabellenblatt habe ich ursprünglich angelegt, um verschiedene Szenarien für die Wirtschaftlichkeitsprognose durchzuspielen. Es geht dabei um die Prognose, die das Finanzamt mit der Einkommensteuer-Jahreserklärung für das Jahr der Inbetriebnahme fordert, um zu beurteilen, ob es sich bei dem Betrieb der PVA um einen auf Gewinn ausgerichteten (einkommensteuerpflichtigen) Gewerbebetrieb oder lediglich um (einkommensteuerfreie) Liebhaberei handelt. Da hierfür aber schon einmal viele Grundangaben zur PVA erfasst werden müssen, habe ich in diesem Blatt noch weitere Berechnungen untergebracht:

- der voraussichtliche jährliche Wert des Eigenverbrauchs für die USt
- einen Vergleich der voraussichtlichen jährlichen USt bei der sonnenFlat im Vergleich zur Einspeisevergütung
- einen groben Vergleich der verbleibenden Strombezugskosten zwischen Einspeisevergütung und sonnenFlat

Zunächst einmal zur **Wirtschaftlichkeitsprognose**:

Wirtschaftlichkeitsprognose über 20 Jahre

Anschaffungskosten (netto, nur bei KUR brutto)	18.870,30 €	ggf. ohne S
Jährlicher Abschreibungsbetrag: Anschaffungskosten / 20 Jahre	943,52 €	
Betriebskosten/Versicherungen jährlich geschätzt	50,00 €	
Prognostizierte erzeugte Kilowattstunden/Jahr	5.750,00	lt. Angebot
Selbstkosten (Abschreibung und Betriebskosten je KWH)	0,1728 €	
Gewinnbeteiligung am virtuellen Kraftwerk	75,40 €	
prognostizierter Prozentsatz der Einspeisung an der Gesamterzeugung	43	
Einspeisung kwh	2473	lt. Angebot
Vergütung je kwh	0,0877 €	
prognostizierter Prozentsatz der Eigenverbrauches an der Gesamterzeugung	57	
Eigenverbrauch kwh	3278	lt. Angebot

Einnahmen	
Freistrommenge sonnen (kWh/Jahr)	610
Bruttostrompreis je Kilowattstunde für den Netzbezug €	0,281
Einnahmen aus dem Leistungsaustausch mit sonnen	3.428,20 €
Gewinnbeteiligung am virtuellen Kraftwerk	1.508,00 €
EigenverbrauchSelbstkosten (Eigenverbrauch)	11.327,80 €
Summe	**16.264,00 €**
Ausgaben	
Anschaffungskosten	18.870,30 €
Anlagenchecks	0,00 €
Reinigung nach 10 Jahren	0,00 €
Betriebskosten/Reparaturen	0,00 €
Sonstige (Versicherung, Zählergebühren)	1.000,00 €
Summe	**19.870,30 €**
Steuerlicher Gewinn/Verlust	-3.606,30 € Ist dieser E

Zur Vorgehensweise verweise ich auf Kapitel D2.12. Im Vergleich zur dortigen Abbildung habe ich inzwischen die Eingabe der prognostizierten Prozentsätze für den Eigenverbrauch und die Einspeisung an der Gesamterzeugung eingefügt. Die jeweilige Anzahl der kWh wird nun berechnet. Bei Formelberechnungen mit bereist in einem anderen Feld berechneten Werten können sich in einer Tabellenkalkulation geringe Rundungsdifferenzen ergeben. Dies ist hier bei dem Feld „EigenverbrauchSelbstkosten (Eigenverbrauch)“ der Fall, ist aber wohl zu vernachlässigen (< 0,01%). Die abgeschnittenen Kommentare lauten:

„ggf. ohne Speicher, bei Sonnenflat jedoch mit (Siehe Erläuterungen)"

„Ist dieser Betrag negativ, kann man mit dieser Berechnung beim Finanzamt Liebhaberei geltend machen."

Der voraussichtliche jährliche Wert des Eigenverbrauchs für die USt

Vorauss. Wert Eigenverbrauch für USt

	Ust-Satz	brutto	netto
Kosten Zusatzstrom je Kwh	19	0,2810	0,2361
Grundgebühr		0	0,00
Wert netto Eigenverbrauch			774,05

Das Bundesfinanzministerium hat für die Umsatzsteuer festgelegt, den Netto-Strompreis des Energieversorgers zu nehmen, von dem Sie zusätzlich Strom beziehen. Sie müssen sowohl den Arbeitspreis pro Kilowattstunde als auch den monatlichen Grundpreis dabei berücksichtigen.

Der Wert des Eigenverbrauches wird hier anhand der oben errechneten Anzahl von kWh für den Eigenverbrauch errechnet.

Vergleich der voraussichtlichen jährlichen USt bei der sonnenFlat im Vergleich zur Einspeisevergütung

Voraussichtliche Umsatzsteuer bei sonnenFlat	Ust-Satz	jährliche Frei-Strommenge Kwh	
bei Leistungsaustausch für Abtretung Solarstrom	19	610,00	27,37 €
		Gewinnbeteiligung	
bei Leistungsaustausch für Gewinnbeteiligung	19	65	12,35 €
für Eigenverbrauch	19		147,07 €
Summe			186,79 €

Voraussichtliche Umsatzsteuer bei Einspeisung	Ust-Satz	
bei Einspeisung	19	41,21 €
für Eigenverbrauch	19	147,07 €
Summe		188,28 €

Für die Berechnung der USt „bei Leistungsaustausch für Abtretung Solarstrom“ ziehe ich die zuvor berechneten „Kosten Zusatzstrom je Kwh“ heran, multipliziere sie mit der jährlichen Freistrommenge und berechne von dem Ergebnis die USt. Die USt für die Gewinnbeteiligung für Netzstabilisierung errechne ich von dessen Nettobetrag laut Vertrag mit sonnen. Hinsichtlich der USt für den Eigenverbrauch lege ich den zuvor errechneten „Wert netto Eigenverbrauch“ zugrunde.

Die bei der Wirtschaftlichkeitsprognose in den Grunddaten berechneten prognostizierten eingespeisten kWh multipliziert mit der Einspeisevergütung ergibt den Ausgangsbetrag für die USt bei Einspeisung, die USt für den Eigenverbrauch berechnen wir auf der selben Weise wie bei der sonnenFlat. Wie bereits im Kapitel D1.1 erwähnt, wird die USt für die Einspeisevergütung bei der Regelbesteuerung jedoch zusätzlich vom Netzbetreiber ausgezahlt. Sie fällt also nicht als tatsächliche Ausgabe an. Beim „Wirtschaftlichkeitsvergleich“ ist bei Wahl der Einspeisevergütung nur die USt für den Eigenverbrauch zu berücksichtigen, bei der sonnenFlat die gesamte Summe der USt-Beträge. Es ergibt sich ein umsatzsteuerlicher Vorteil bei der Einspeisevergütung. Ich kann hier aber erst einmal erkennen, in welcher Höhe ich überhaupt mit abzuführenden USt- Beträgen rechnen muss.

Grober Vergleich der verbleibenden Strombezugskosten zwischen Einspeisevergütung und sonnenFlat

Grober Vergleich Einspeisevergütung/sonnenFlat		
Vorauss. Einspeisevergütung		216,88 €
geschätzter Gesamtverbrauch kWh	4.300,00	
Grundgebühr eines alternativen Stromtarifes	98,55	
Arbeitspreis je Kwh eines alternativen Stromtarifes	0,2673	
Kosten eines alternativen Netzbezuges		371,73 €
Gesamtkosten bei Einspeisevergütung		154,85 €
sonnenFlat		
Netzbezug kWh (Gesamtverbrauch – Eigenverbrauch – Freistrom)		412
Kosten brutto Netzbezug über sonnen		115,77 €
Batteriebeteiligung brutto		75,40 €
Gesamtkosten bei sonnenFlat		40,37 €
Vorteil/Nachteil sonnenFlat		114,48 €

Um diesen Vergleich anzustellen, muss ich alles miteinbeziehen, was sich bei beiden Szenarien unterscheidet bzw. alles außer Betracht lassen, was bei Beiden sowieso gleich bleibt. Es unterscheiden sich die Vergütung für die Einspeisung sowie die Menge und die Preise für den Strom, den ich noch zusätzlich aus dem „öffentlichen“ Stromnetz beziehen muss. Bei der Inanspruchnahme der Einspeisevergütung berechnet sich diese durch die bei den Grundangaben berechnete voraussichtliche eingespeiste Strommenge multipliziert mit der Einspeisevergütung je kWh. Die Kosten eines verbleibend notwendigen alternativen Strombezuges bemisst sich nach unserem geschätzten jährlichen Gesamtverbrauch (Durchschnitt der letzten drei Jahresrechnungen) abzüglich des prognostizierten Eingenverbrauches an der Gesamtproduktion der PVA multipliziert mit dem Arbeitspreis eines alternativen Stromtarifes, zuzüglich dessen Grundgebühr. Die Preise eines passenden Stromtarifes habe ich mit Hilfe von verivox ermittelt. Die Kosten eines alternativen Netzbezuges abzüglich der zu erwartenden Einspeisevergütung ergibt schließlich die verbleibenden Gesamtkosten bei Inanspruchnahme der Einspeisevergütung.

Demgegenüber erhalte ich bei der sonnenFlat anstelle der Einspeisevergütung eine gewisse Menge an Strom kostenlos. Dadurch reduziert sich die Menge an Strom, die ich kostenpflichtig von sonnen beziehen muss (Gesamtverbrauch – Eigenverbrauch – Freistrom). Diese Restmenge multipliziert mit dem von sonnen festgelegt Preis je kWh (siehe oben bei „Der voraussichtliche jährliche Wert des Eigenverbrauchs für die USt“) ergibt die Kosten für den Netzbezug über sonnen. Zusätzlich erhalte ich eine garantierte fixe Gewinnbeteiligung für das „virtuelle Kraftwerk“. Dies verringert die Gesamtkosten für den verbleibenden Strombezug zusätzlich.

Diesen Vergleich wollte ich unabhängig davon anstellen, ob Umsatzsteuerpflicht besteht oder nicht. Den umsatzsteuerlichen Vorteil der Einspeisevergütung muss man ggf. noch berücksichtigen. Es verbleibt ein nicht unerheblicher prognostizierter finanzieller Vorteil der sonnenFlat. Ob es sich in Zukunft bewahrheitet, werde ich mit der Tabelle „Vergleich sonnen Einspeisevergütung“ laufend, inklusive der USt-Unterschiede dokumentieren.

F3. Witschaftlichkeitsprognose Privat

Für meine private Wirtschaftlichkeitsprognose wähle ich einen Betrachtungszeitraum von 25 Kalenderjahren. Dabei stelle ich die Kosten für den Betrieb der PVA und für den Reststrombedarf den Stromkosten gegenüber, die ich voraussichtlich in diesem Zeitraum hätte zahlen müssen. So erhalte ich aufsummiert über die Jahre den voraussichtlichen Gewinn durch den Einsatz der PVA. Der Unterschied im Vergleich zu vielen Prognosen, die Sie vielleicht schon kennen, ist, dass ich die Prognose zum einen auf die sonnenFlat zugeschnitten habe und die wahrscheinlich zu entrichtende USt in den ersten fünf Jahren nach Inbetriebnahme der PVA mit berücksichtigt habe. Für jemanden, der die reine Einspeisevergütung gewählt hat, dürfte eine entsprechende Anpassung der Tabelle unproblematisch sein.

KUR: USt ist natürlich nur für die Jahre zu berücksichtigen, für die nicht die KUR gewählt wurde!

	Kosten PV						Einnahmen PV		
	Abschreibung	Netzbezug oberhalb Freistrommenge	USt für Abtretung Solarstrom	USt für Bereitstellung der sonnen-Batterie für das virtuelle Kraftwerk	USt für Eigenverbrauch	Sonstige Betriebskosten	Gewinnbeteiligung Netto	Jahres-Kosten PV	Aufsummiert
jährliche Steigerung	0,00	1,03	1,01	1,00	1,03	1,03	1,00		
2020	314,51 €	184,62 €	6,84 €	3,09 €	36,77 €	25,93 €	16,25 €	555,51 €	555,51 €
2021	943,52 €	288,00 €	27,37 €	12,35 €	147,07 €	77,80 €	65,00 €	1.431,10 €	1.986,61 €
2022	943,52 €	296,64 €	27,64 €	12,35 €	151,48 €	80,13 €	65,00 €	1.446,76 €	3.433,37 €
2023	943,52 €	305,54 €	27,92 €	12,35 €	156,03 €	82,54 €	65,00 €	1.462,89 €	4.896,26 €
2024	943,52 €	314,71 €	28,20 €	12,35 €	160,71 €	85,01 €	65,00 €	1.479,49 €	6.375,74 €
2025	943,52 €	324,15 €	28,48 €	12,35 €	165,53 €	87,56 €	65,00 €	1.496,58 €	7.872,33 €
2026	943,52 €	333,87 €				90,19 €	77,35 €	1.290,23 €	9.162,55 €
2027	943,52 €	343,89 €				92,90 €	77,35 €	1.302,95 €	10.465,50 €
2028	943,52 €	354,20 €				95,68 €	77,35 €	1.316,05 €	11.781,56 €
2029	943,52 €	364,83 €				98,55 €	77,35 €	1.329,55 €	13.111,11 €
2030	943,52 €	375,77 €				101,51 €	77,35 €	1.343,45 €	14.454,56 €
2031	943,52 €	387,05 €				104,56 €	77,35 €	1.357,77 €	15.812,33 €
2032	943,52 €	398,66 €				107,69 €	77,35 €	1.372,52 €	17.184,84 €
2033	943,52 €	410,62 €				110,92 €	77,35 €	1.387,71 €	18.572,55 €
2034	943,52 €	422,94 €				114,25 €	77,35 €	1.403,35 €	19.975,91 €
2035	943,52 €	435,63 €				117,68 €	77,35 €	1.419,47 €	21.395,38 €
2036	943,52 €	448,69 €				121,21 €	77,35 €	1.436,07 €	22.831,45 €
2037	943,52 €	462,16 €				124,85 €	77,35 €	1.453,17 €	24.284,61 €
2038	943,52 €	476,02 €				128,59 €	77,35 €	1.470,78 €	25.755,39 €
2039	943,52 €	490,30 €				132,45 €	77,35 €	1.488,92 €	27.244,31 €
2040	629,01 €	505,01 €				136,42 €	77,35 €	1.193,09 €	28.437,40 €
2041		520,16 €				140,52 €	77,35 €	583,33 €	29.020,72 €
2042		535,76 €				144,73 €	77,35 €	603,15 €	29.623,87 €
2043		551,84 €				149,07 €	77,35 €	623,56 €	30.247,43 €
2044		568,39 €				153,55 €	77,35 €	644,59 €	30.892,02 €

Hinweis: Die (geschätzten) Zahlen der ersten beiden Jahre unter Beachtung des Teiljahres der Inbetriebnahme manuell eintragen!

Bei den Gesamtkosten für den Betrieb der PVA habe ich folgende Werte berücksichtigt:

- die jährlichen Abschreibungsbeträge für die Anschaffungskosten der PVA

Hierbei lege ich die reine lineare Abschreibung ohne Berücksichtigung einer evtl. Sonderabschreibung zugrunde. Über die zeitliche Zuordnung im ersten und 21. Jahr siehe auch Kapitel D2.6.

- die Kosten für den Netzbezug oberhalb der Freistrommenge

Die voraussichtlich benötigte Strommenge im Jahr der Inbetriebnahme habe ich anhand der Tabelle Stromverbrauch im Jahresverlauf (Prozentsätze: https://www.musterhaushalt.de/durchschnitt/stromverbrauch/) errechnet. Hiervon habe ich 1/52 der jährlichen Freistrommenge je Woche Stromerzeugung im ersten Jahr abgezogen und die Summe mit den Kosten je kWh für den Reststrombezug von sonnen multipliziert. Den Wert für das erste ganze Kalenderjahr mit Stromerzeugung habe ich dann ganz bewusst sehr pessimistisch berechnet. Ich habe den monatlichen Abschlag für den prognostizierten Netzbezug oberhalb der Freistrommenge (999 kWh/Jahr) auf ein ganzes Jahr hochgerechnet. Das ergibt bei mir ca. 288 € im Jahr. Dieser Wert ist im Vergleich zu dem ermittelten Wert beim oben genannten „Groben Vergleich der verbleibenden Strombezugskosten zwischen Einspeisevergütung und sonnenFlat“ (115,77 €) mehr als doppelt so hoch. Die Wahrheit wird auch hier wahrscheinlich irgendwo dazwischen liegen, aber ich wollte wie gesagt hier erst einmal von einem etwas schlechteren Szenario ausgehen. Wie man den Wert letztendlich schätzt, bleibt natürlich jedem selbst überlassen. Für die Fortschreibung dieses Wertes und aller weiteren in dieser Tabelle für die Folgejahre habe ich eine Zeile „jährliche Steigerung“ eingebaut. Hier kann man erwartete durchschnittliche jährliche Steigerungsraten berücksichtigen (in der Form 1,0X). Bei den Strombezugskosten bin ich – wie die meisten Abieter und Installateure – von einer durchschnittlichen jährlichen Steigerungsrate von 3% ausgegangen.

- die abzuführende USt für die Abtretung des eingespeisten Solarstroms, die Bereitstellung der sonnenBatterie für das virtuelle Kraftwerk und den Eigenverbrauch

Hierbei lege ich für das erste volle Kalenderjahr die ermittelten Beträge im oben genannten „Groben Vergleich der verbleibenden Strombezugskosten zwischen Einspeisevergütung und sonnenFlat" zugrunde. Für das Jahr der Inbetriebnahme trägt man für jeden Betriebsmonat 1/12 dieses Wertes ein, bei einem Betrieb von Oktober bis Dezember also 3/12 bzw. 1/4. Bei den Steigerungsraten habe ich mich schwer getan. Der Gegenwert für die Abtretung des eingespeisten Solarstromes orientiert sich ja an der Einspeisevergütung. Diese ist für 20 Jahre festgeschrieben. Somit wird sich die abzuführende USt hierfür sehr wahrscheinlich nicht erhöhen. Trotzdem habe ich hier vorsichtshalber eine jährliche Steigerung von 1 % angesetzt. Die Vergütung für die Bereitstellung der sonnenBatterie für das virtuelle Kraftwerk dagegen ist definitiv festgeschrieben, hier ist also keine Steigerung zu berücksichtigen. Bei der USt für den Eigenverbrauch hingegen bin ich wieder defensiv herangegangen. Dieser Wert richtet sich ja nach den aktuellen Wiederbeschaffungskosten, also dem jeweils aktuellen Stromkosten am Markt. Deshalb habe ich auch hier eine jährliche Steigerungsrate von 3 % angesetzt. Wie unter D1.1 beschrieben, ist es für uns die beste Option, gem. § 19 Abs. 2 UStG zunächst die Regelbesteuerung und erst im 60. Kalendermonat nach Betriebsbeginn die Kleinunternehmerregelung mit Wirkung ab dem folgenden Kalenderjahr zu wählen. Deshalb fallen auch hier in der privaten

Wirtschaftlichkeitsprognose die abzuführenden Umsatzsteuerbeträge ab dem sechsten Jahr nach Inbetriebnahme als Kostenfaktor weg.

- Sonstige Betriebskosten

Hier habe ich erst einmal nur den auf die PVA entfallenden Anteil der Wohngebäudeversicherung berücksichtigt, da ich noch nicht weiß, ob und wie oft ich Anlagenchecks oder -reinigungen durchführen lassen werde und was diese kosten werden.

- Gewinnbeteiligung für die Teilnahme am virtuellen Kraftwerk

Als Besonderheit der sonnenFlat trage ich hier die Gewinnbeteiligung ein. Für die Dauer der Umsatzsteuerpflicht nehme ich nur den Nettobetrag, da die USt hiervon ja zusätzlich zur USt aus dem Leistungsaustausch abgeführt werden muss. Mit dem Beginn der Inanspruchnahme der KUR ist hier der Bruttowert als Einnahme heranzuziehen. Die Höhe der Gewinnbeteiligung ist zwar zunächst nur für die Dauer von 10 Jahren garantiert, ich gehe hier aber mal von einer Verlängerung aus.

Die Stromkosten, die ohne die Anschaffung der PVA angefallen wären, habe ich wie folgt ermittelt:

Vermiedene Stromkosten

	kwh	Arbeitspreis Je kwh	Gesamt-Arbeitspreis	Grundpreis	Summe	Aufsummiert		Gewinn PV
		1,03		1,03				
2020	771	0,2815	217,04 €	30,00 €	247,04 €	247,04 €		-308,47 €
2021	4180	0,2815	1.176,67 €	130,92 €	1.307,59 €	1.554,63 €		-431,98 €
2022	4180	0,2899	1.211,97 €	134,85 €	1.346,82 €	2.901,44 €		-531,93 €
2023	4180	0,2986	1.248,33 €	138,89 €	1.387,22 €	4.288,67 €		-607,59 €
2024	4180	0,3076	1.285,78 €	143,06 €	1.428,84 €	5.717,51 €		-658,24 €
2025	4180	0,3168	1.324,35 €	147,35 €	1.471,70 €	7.189,21 €		-683,12 €
2026	4180	0,3263	1.364,08 €	151,77 €	1.515,86 €	8.705,06 €		-457,49 €
2027	4180	0,3361	1.405,01 €	156,33 €	1.561,33 €	10.266,40 €		-199,11 €
2028	4180	0,3462	1.447,16 €	161,02 €	1.608,17 €	11.874,57 €		93,01 €
2029	4180	0,3566	1.490,57 €	165,85 €	1.656,42 €	13.530,98 €		419,88 €
2030	4180	0,3673	1.535,29 €	170,82 €	1.706,11 €	15.237,09 €		782,53 €
2031	4180	0,3783	1.581,35 €	175,95 €	1.757,29 €	16.994,38 €		1.182,06 €
2032	4180	0,3897	1.628,79 €	181,22 €	1.810,01 €	18.804,39 €		1.619,55 €
2033	4180	0,4014	1.677,65 €	186,66 €	1.864,31 €	20.668,70 €		2.096,15 €
2034	4180	0,4134	1.727,98 €	192,26 €	1.920,24 €	22.588,94 €		2.613,04 €
2035	4180	0,4258	1.779,82 €	198,03 €	1.977,85 €	24.566,79 €		3.171,41 €
2036	4180	0,4386	1.833,21 €	203,97 €	2.037,18 €	26.603,97 €		3.772,53 €
2037	4180	0,4517	1.888,21 €	210,09 €	2.098,30 €	28.702,27 €		4.417,66 €
2038	4180	0,4653	1.944,86 €	216,39 €	2.161,25 €	30.863,52 €		5.108,13 €
2039	4180	0,4792	2.003,20 €	222,88 €	2.226,08 €	33.089,60 €		5.845,30 €
2040	4180	0,4936	2.063,30 €	229,57 €	2.292,87 €	35.382,47 €		6.945,07 €
2041	4180	0,5084	2.125,20 €	236,46 €	2.361,65 €	37.744,12 €		8.723,40 €
2042	4180	0,5237	2.188,95 €	243,55 €	2.432,50 €	40.176,63 €		10.552,76 €
2043	4180	0,5394	2.254,62 €	250,86 €	2.505,48 €	42.682,10 €		12.434,67 €
2044	4180	0,5556	2.322,26 €	258,38 €	2.580,64 €	45.262,74 €		14.370,73 €

Gesamtver-
brauch abzüg-
lich zusätzlicher
Verbrauch durch
PVA (geschätzt
120 kWh Stand
02/2021)

- Strombedarf (kWh)

Bei der ohne Betrieb der PVA fiktiv angefallenen Strommenge ist zu berücksichtigen, dass die PVA selbst auch eine gewisse Menge Strom verbraucht. Dies ist mir aber erst beim Ablesen und Erfassen der ersten Monatswerte (mehr dazu später) aufgefallen. Beim „groben Vergleich der verbleibenden Strombezugskosten zwischen Einspeisevergütung und sonnenFlat“ sowie bei der Angebotserstellung ist bereits ein kleiner Zuschlag auf unseren bisherigen Verbrauch berücksichtigt worden. Hier bei den künftig vermiedenen Stromkosten ziehe ich wiederum eine gewisse Strommenge ab, die ohne den Betrieb der PVA gar nicht erst angefallen wäre. Nach den ersten Monatswerten habe ich einen Mehrverbrauch von 10 kWh im Monat, also 120 kWh im Jahr geschätzt. Die voraussichtlich benötigte Strommenge im Jahr der Inbetriebnahme habe ich wiederum anhand der Tabelle Stromverbrauch im Jahresverlauf (Prozentsätze: https://www.musterhaushalt.de/durchschnitt/stromverbrauch/) unter Berücksichtigung eines kleinen Abschlags errechnet. Für die Folgejahre den geschätzten künftigen jährlichen Gesamtverbrauch abzüglich des geschätzten jährlichen Strombedarfes für den Betrieb der PVA in Höhe von 120 kWh.

- Arbeitspreis je kWh und Grundpreis

Hier habe ich für das Jahr der Inbetriebnahme und das Folgejahr die Preise für meinen Stromvertrag zugrunde gelegt, den ich vor dem Wechsel zur sonnenFlat hatte. Danach habe ich sowohl für den Arbeitspreis als auch für den Grundpreis eine jährliche Steigerung von 3 % unterstellt.

Geschätzter Stromverbrauch multipliziert mit dem Arbeitspreis je kWh, zuzüglich dem Grundpreis ergibt dann in der Summe den Gesamtbetrag der „normalerweise“ angefallenen Stromkosten. Ich denke, ich bin insgesamt eher pessimistisch an die Prognose herangegangen. Man sieht, dass sich in den ersten Jahren erst noch ein Verlust aufbaut. Erst mit entsprechenden steigenden Stromkosten und dem Wegfall der Umsatzsteuerpflicht dreht sich der Betrieb der PVA in die Gewinnzone. Zum Ende des Betrachtungzeitraumes ergibt sich aber immerhin ein Gewinn von mehr als 14.000 €. Ob das tatsächlich zutreffen wird, werden wir mit dem später noch vorzustellenden „Wirtschaftlichkeitsprotokoll privat“ dokumentieren.

F4. Die steuerliche Erfassung

Ich werde bei den nun folgenden Kapiteln meine anonymisierten Übertragungsprotokolle der entsprechenden Steuerformulare abbilden und kommentieren, sowie die Ermittlung der entsprechenden Werte anhand meiner Tabellenkalkulationen erklären. „Komplette“ Steuerformulare in Papierform gibt es ja nun nicht mehr, so dass ich sie hier auch nicht vollumfänglich abbilden kann. Neben den in den Protokollen angegebenen Werten musste ich aber auch nur meine „Stammdaten“ aus meinem Profil in „Mein Elster“ übernehmen. Ich hatte zunächst eine gehörige Portion Respekt vor dem, was da wohl steuerformularmäßig wohl auf mich zu kommt. Aber letztendlich ist alles kein Hexenwerk. Ich habe auch gelernt, dass man keine Furcht davor haben muss, mal aus Versehen was zu vergessen oder einen Rechenfehler zu machen. Zumindest die Sachbearbeiter in meinem Finanzamt sind da sehr verständnisvoll, fragen ggf. auch telefonisch noch einmal nach und geben auch gerne Auskunft, wenn ich mal eine Frage habe. Eine Steuerberatung darf man aber selbstverständlich nicht erwarten.

Nach § 138 AO müssen wir innerhalb eines Monats nach dem Beginn des Verkaufes von Strom (Beginn der unternehmerischen/gewerblichen Tätigkeit) dies dem Finanzamt mitteilen. Diese schriftliche Mitteilung kann formlos erfolgen, ich habe mich jedoch dazu entschlossen, gleich den offiziellen Fragebogen zur steuerlichen Erfassung für Einzelunternehmen auszufüllen und auf elektronischem Wege zu versenden. Einzelunternehmen deshalb, weil ich als Einzelperson zivilrechtlicher Vertragspartner des Einspeisevertrages bin. Hätten wir das als Ehepaar gemeinsam getan, würden wir steuerlich als Personengesellschaft geführt, was steuerlich wohl noch etwas komplizierter als ohnehin ist.

Als Muster habe ich das auf der Internetseite https://www.ae-tec.solar/fragebogen-steuerliche-erfassung-photovoltaik.html abgebildete Exemplar genommen. Beim Ausfüllen am PC musste ich aber noch Angaben in den Zeilen 110 bis 116 machen (nur das zutreffende, nicht überall). Bei mir sah der Fragebogen anonymisiert nun wie folgt aus (die Seiten 1 und 5 sind ohne Bedeutung):

Fragebogen zur steuerlichen Erfassung - Aufnahme einer gewerblichen, selbständigen (freiberuflichen) oder land- und forstwirtschaftlichen Tätigkeit

Steuerpflichtige(r) / Beteiligte(r)

4	Anrede	Herr
4	Vorname	[redacted]
4	Name	[redacted]
6	Geburtsdatum	[redacted]
11	Religion	nicht kirchensteuerpflichtig
6	Ausgeübter Beruf	[redacted]

Adresse

Adresse im Inland

7	Straße	[redacted]
8	Hausnummer	
8	Hausnummerzusatz	[redacted]
9	Postleitzahl	[redacted]
9	Wohnort	[redacted]

Steueridentifikationsnummer

11	Identifikationsnummer	[redacted]
11	gegebenenfalls Einkommensteuernummer	[redacted]

Personenstand

12	Stand der Ehe / eingetragenen Lebenspartnerschaft	verheiratet
12	seit dem	[redacted]

Ehegatte / Ehegattin / eingetragene(r) Lebenspartner(in)

14	Anrede	Frau

14	Vorname	[redacted]
14	Name	[redacted]
16	Geburtsdatum	[redacted]
20	Religion	[redacted]
16	Ausgeübter Beruf	[redacted]

Steueridentifikationsnummer

20	Identifikationsnummer	[redacted]

Kommunikationsverbindungen

Telefon

21	Vorwahl international	[redacted]
21	Vorwahl national	[redacted]
21	Rufnummer	[redacted]

E-Mail

23	E-Mail-Adresse	[redacted]

Web

24	Internetadresse	[redacted]

Bankverbindung(en) für Steuererstattungen / SEPA-Lastschriftverfahre

27	IBAN (inländisches Geldinstitut)	[redacted]
29	Bankkonto ist gültig für die Steuerarten	alle Steuerarten

Kontoinhaber(in)

30	Kontoinhaber(in) ist	der/die Steuerpflichtige

Bisherige persönliche Verhältnisse

Falls Sie in den letzten drei Jahren für Zwecke der Einkommensteuer steuerlich e waren:

65	Steuernummer	[redacted]

Gegebenenfalls hiervon abweichende Angaben Ihres Ehegatten/eingetragenen Lebenspartners beziehungsweise Ihrer Ehegattin/eingetragener Lebenspartnerin:

67	Steuernummer	[redacted]

Angaben zur gewerblichen, selbständigen (freiberuflichen) oder land- und forstwirtschaftlichen Tätigkeit

25	Art der Tätigkeit (genaue Bezeichnung des Gewerbezweiges)	Betrieb einer Photovoltaikanlage mit Batteriespeicher

Unternehmen

68	Bezeichnung des Unternehmens	PV[redacted]
79	Beginn der Tätigkeit (inklusive Vorbereitungshandlungen)	02.07.2020

Adresse

Adresse im Inland

69	Straße	[redacted]
70	Hausnummer	[redacted]
70	Hausnummerzusatz	[redacted]
71	Postleitzahl	[redacted]
71	Ort	[redacted]

Kommunikationsverbindungen

Telefon

76	Vorwahl international	[redacted]
76	Vorwahl national	[redacted]
76	Rufnummer	[redacted]

E-Mail

77	E-Mail-Adresse	[redacted]

Handelsregistereintrag

91	Handelsregistereintragung ist erfolgt:	Nein
91	Eine Eintragung ist beabsichtigt:	Nein

Gründungsangaben

Gründungsform

96	Gründungsart	Neugründung
96	Gründungsdatum	02.07.2020

Bisherige betriebliche Verhältnisse

105	Ist in den letzten fünf Jahren schon ein Gewerbe, eine selbständige (freiberufliche) oder eine land- und forstwirtschaftliche Tätigkeit ausgeübt worden oder waren Sie an einer Personengesellschaft oder zu mindestens 1 Prozent an einer Kapitalgesellschaft beteiligt?	Nein

Angaben zur Festsetzung der Vorauszahlungen (Einkommensteuer, Gewerbesteuer)

Voraussichtliche Einkünfte aus

Gewerbebetrieb

111	Steuerpflichtige(r) im Jahr der Betriebseröffnung	128
111	Steuerpflichtige(r) im Folgejahr	400

Nichtselbständiger Arbeit

113	Steuerpflichtige(r) im Jahr der Betriebseröffnung	[redacted]00
113	Ehegatte(in)/Lebenspartner(in) im Jahr der Betriebseröffnung	[redacted]
113	Steuerpflichtige(r) im Folgejahr	[redacted]0
113	Ehegatte(in)/Lebenspartner(in) im Folgejahr	[redacted]00

Angaben zur Gewinnermittlung

119	Gewinnermittlungsart	Einnahmenüberschussrechnung
123	Liegt ein vom Kalenderjahr abweichendes Wirtschaftsjahr vor?:	Nein

Angaben zur Anmeldung und Abführung der Lohnsteuer

125	Zahl der Arbeitnehmer insgesamt (einschließlich Aushilfskräfte)	0

Angaben zur Anmeldung und Abführung der Umsatzsteuer

Summe der Umsätze (geschätzt)

132	im Jahr der Betriebseröffnung	200
132	im Folgejahr	850

Geschäftsveräußerung im Ganzen (§ 1 Absatz 1a UStG)

133	Es wurde ein Unternehmen oder ein in der Gliederung eines Unternehmens gesondert geführter Betrieb erworben: ja/ nein	Nein

Kleinunternehmer-Regelung

135	Der auf das Kalenderjahr hochgerechnete Gesamtumsatz wird die Grenze des § 19 Absatz 1 UStG voraussichtlich nicht überschreiten. Es wird auf die Anwendung der Kleinunternehmer-Regelung verzichtet. Die Besteuerung erfolgt nach den allgemeinen Vorschriften des Umsatzsteuergesetzes für mindestens fünf Kalenderjahre (§ 19 Absatz 2 UStG); Umsatzsteuer-Voranmeldungen sind monatlich in elektronischer Form authentifiziert zu übermitteln.

Soll-/Istversteuerung der Entgelte

148	Ich berechne die Umsatzsteuer nach	vereinnahmten Entgelten (Istversteuerung)
151	Ich beantrage die Istversteuerung, weil ich von der Verpflichtung, Bücher zu führen und auf Grund jährlicher Bestandsaufnahmen regelmäßig Abschlüsse zu machen, nach § 148 Abgabenordnung (AO) befreit bin.	

Dann hat man erst einmal seine Schuldigkeit getan und es heißt abwarten, bis sich das Finanzamt meldet. Nach drei Monaten könnte man jedoch mal telefonisch nachfragen. Zur Not hat man aber das Übertragungsprotokoll aus Mein Elster, womit man nachweisen kann, dass man seiner Mitteilungspflicht nachgekommen ist. Bei mir hat es knapp dreieinhalb Wochen gedauert, bis das Schreiben des Finanzamtes zur „Aufnahme einer gewerblichen, selbständigen (freiberuflichen) oder land- und forstwirtschaftlichen Tätigkeit" eintrudelte. Da die Schreiben und Anlagen zur Information von Finanzamt zu Finanzamt durchaus unterschiedlich sein können, verzichte ich hier bis auf die „Ergänzenden Angaben zur steuerlichen Erfassung eines Unternehmers" auf eine Abbildung. Ich habe einfach alles genau durchgelesen und alle geforderten Unterlagen ausgefüllt bzw. zusammengestellt und persönlich beim Finanzamt vorbei gebracht.

An das Finanzamt
[redacted]

Steuernummer
[redacted]

Zutreffendes bitte ankreuzen ☒ und ausfüllen.

Hinweis nach den Vorschriften der Datenschutzgesetze:
Die mit diesem Fragebogen angeforderten Daten werden aufgrund der §§ 137, 138 in Verbindung mit den §§ 90, 93, 97, 149 ff. der Abgabenordnung erhoben.

Ergänzende Angaben zur steuerlichen Erfassung eines Unternehmers

– Ausfertigung für das Finanzamt –

1. Angaben über den Unternehmenssitz

1.1. Handelt es sich bei dem angegebenen Ort der Geschäftsleitung bzw. der Anschrift des Unternehmens um die Adresse eines Büroserviceunternehmens?

☐ ja ☒ nein

Falls ja, fügen Sie bitte den mit dem Büroserviceunternehmen abgeschlossenen Vertrag bei!

1.2. Handelt es sich bei dem angegebenen Ort der Geschäftsleitung bzw. der Anschrift des Unternehmens um Räumlichkeiten, die im Eigentum des Unternehmers stehen?

☒ ja ☐ nein

Falls ja, geben Sie bitte folgende Angaben zum Grundstück an:

Grundbuch von: [redacted] Blatt: ____ Gemarkung: ____________ Flur: [redacted]

Flurstück: [redacted] Größe in qm: [redacted]

1.3. Handelt es sich bei dem angegebenen Ort der Geschäftsleitung bzw. der Anschrift des Unternehmens um Räumlichkeiten, die gemietet wurden?

☐ ja ☒ nein

Falls ja, fügen Sie bitte den abgeschlossenen Mietvertrag bei!

2. Beschreibung der unternehmerischen Tätigkeit

2.1. Beschreiben Sie bitte kurz die angegebene unternehmerische Tätigkeit (Art und Umfang der angebotenen Leistungen, Daten über wesentliche Geschäftsbeziehungen u.Ä.)!

Anteil Verkauf Strom: ca. 43 %

Anteil Eigenverbrauch Strom: ca. 57 %

2.2. Wird für die unternehmerische Tätigkeit qualifiziertes Personal benötigt?

☐ ja ☒ nein

Falls ja, geben Sie bitte die erforderliche Qualifikation an (z.B. Handwerksmeister, Diplom-Kaufmann o.Ä.)!

2.3. Welche wesentlichen Anschaffungen (Erwerb von Anlage- und Umlaufvermögen) werden für die unternehmerische Tätigkeit benötigt? Sofern wesentliches Anlagevermögen gemietet wurde, fügen Sie bitte den/die Verträge bei!

Photovoltaikanlage inkl. Batteriespeicher: [redacted],- €
(ILB-Speicherzuschuss i.H.v. 2.129,- € steht noch aus

2.4. Welche finanziellen Mittel (Eigenkapital bzw. Fremdkapital) sind hierfür erforderlich?

Nur Eigenkapital

Falls Fremdkapital eingesetzt wurde, fügen Sie bitte einen Nachweis der Finanzierungsmittel bei (z.B. Kreditvertrag, Einräumung eines Dispositionskredites o.Ä.)!

3. Angaben im Falle der Gründung einer Gesellschaft, deren Anteilseigner weder natürliche Personen noch Körperschaften des öffentlichen Rechts sind

3.1. Bitte schlüsseln Sie die Gesellschaftsverhältnisse – soweit bekannt – der/des Anteilseigner/s weiter auf bis hin zur Nennung der natürlichen Person/en bzw. der Körperschaft/en des öffentlichen Rechts (ggf. Übersendung eines Organigramms)!

Alleinunternehmer [redacted]

4. Vermerkspalte für weitere Angaben

Der Einspeisevertrag liegt mir noch nicht vor.

[redacted], [redacted]
Ort, Datum

[redacted]
Unterschrift des Unternehmers / gesetzlichen Vertreters

F5. Umsatzsteuervoranmeldungen

F5.1 Umsatzsteuervoranmeldung Jahr 1

Nun hatte ich also alle geforderten Unterlagen Anfang November beim Finanzamt abgegeben und es stellte sich mir die Frage, ob ich denn jetzt schon die erste Voranmeldung abgeben muss, denn der erste Produktionsmonat war ja nun schon um, wenn es auch nur eine knappe Woche war, in der die PVA bereits Strom erzeugte. Andererseits wusste ich nicht, ob ich nun eine neue Steuernummer für die Umsatzsteuer und die Gewinnermittlung aus der PVA bekommen würde oder nicht. Dies ging aus den bisherigen Schreiben leider nicht eindeutig hervor. Also rief ich den glücklicherweise im Schreiben genannten persönlichen Sachbearbeiter an und fragte ihn. Er meinte, ich sollte besser abwarten, bis mir eine neue Steuernummer für die PVA zugeteilt werde. Dies sei auch für die automatische Zuordnung der Voranmeldung in deren DV-System notwendig. Also wartete ich wieder. Diesmal dauerte es sieben Wochen, bis das Schreiben mit der zugeteilten Steuernummer kam. Das hat mich schon etwas gewurmt, denn ich wollte ja im Rahmen der Voranmeldungen meine Vorsteuer aus dem Anschaffungspreis der PVA möglichst schnell zurück bekommen.

Im laufenden Verfahren ist die Voranmeldung immer bis zum 10. Tag nach Ablauf jedes Voranmeldungszeitraums zu übermitteln (§ 18 UStG). Es kann über „Mein Elster" ein Antrag auf Dauerfristverlängerung für das jeweilige Kalenderjahr gestellt werden. Der Abgabetermin verlängert sich damit um einen Monat. Davon habe ich Gebrauch gemacht, es kann ja mal sein, dass ich in den ersten Tagen eines Monats im Urlaub bin oder aus sonstigen Gründen nicht zur Voranmeldung komme.

Der o.g. „Bürger-Information“ war zu entnehmen, dass die erste Voranmeldung für den Zeitpunkt der Anschaffung der Anlage und danach laufend monatlich abzugeben ist. Im Fragebogen zur steuerlichen Erfassung habe ich als Beginn der unternehmerischen Tätigkeit und Gründungsdatum das Datum der Auftragserteilung für den Installateur angegeben. Also habe ich auch ab diesem Monat Voranmeldungen abgegeben.

Die Tabelle für Jahr 1

Jahr: 2020

Steuerpflichtige Umsätze

Gutschrift Leistungsaustausch

Monat	Ust-Satz	jährliche Freistrommenge Kwh	Monatliche Freistrommenge Kwh	Nettostrompreis Kwh	Gewinn-Beteiligung Netto	Nettobetrag Einnahmen sonnen	Eigenverbrauch Kwh	Nettoumsatz EV	Summe Feld 81	USt
Januar						0 €		0 €	0 €	0,00 €
Februar						0 €		0 €	0 €	0,00 €
März						0 €		0 €	0 €	0,00 €
April						0 €		0 €	0 €	0,00 €
Mai						0 €		0 €	0 €	0,00 €
Juni						0 €		0 €	0 €	0,00 €
Juli						0 €		0 €	0 €	0,00 €
August						0 €		0 €	0 €	0,00 €
September	16,00	0,00	0,00	0,2420		0 €	0	0 €	0 €	0,00 €
Oktober	16,00	610,00	50,83	0,2420	5,42 €	17 €	49,81	12 €	29 €	4,64 €
November	16,00	610,00	50,83	0,2420	5,42 €	17 €	134,63	32 €	49 €	7,84 €
Dezember	16,00	610,00	50,83	0,2420	5,42 €	17 €	101,3	24 €	41 €	6,56 €
						51,00 €	285,74	68,00 €	119,00 €	19,04 €
							Produktion lt SolarEdge-Monitoring abzgl. Einspeisung lt. Zähler		Von 7-12/2020 Feld 35	Von 7-12/2020 Feld 36 selbst ausfüllen

Abziehbare Vorsteuerbeträge Feld 66

USt Anschaffung PV	USt Sonstige Kosten	Summe Feld 66	Saldo	Monat
		0,00 €	0,00 €	Januar
		0,00 €	0,00 €	Februar
		0,00 €	0,00 €	März
		0,00 €	0,00 €	April
		0,00 €	0,00 €	Mai
		0,00 €	0,00 €	Juni
		0,00 €	0,00 €	Juli
1696		1.696,00 €	-1.696,00 €	August
	0	0,00 €	0,00 €	September
1696		1.696,00 €	-1.691,36 €	Oktober
-32		-32,00 €	39,84 €	November
		0,00 €	6,56 €	Dezember
3360		3.360,00 €	-3.340,96 €	

Aus Gründen der Übersichtlichkeit habe ich hier – wie ggf. auch bei den folgenden Tabellen - die Tabelle in zwei Teilen abgebildet. Im Tabellenkalkulationsprogramm befinden sich alle Spalten hintereinander.

Wie sich die umsatzsteuerpflichtigen Einnahmen und die abziehbaren Vorsteuerbeträge zusammensetzen habe ich ja bereits in Kapitel D1. beschrieben. Durch Eingabe der Grunddaten in den grau unterlegten Feldern werden die Einnahmen aus dem Leistungsaustausch mit sonnen und der Wert für den eigenverbrauchten Solarstrom errechnet. Die Summe dieser Werte – abgerundet auf volle Euro - ist normalerweise als steuerpflichtiger Umsatz in das Feld 81 der Umsatzsteuervoranmeldung einzutragen. Wegen der Reduzierung der Steuersätze zur Abfederung der Auswirkungen der Coronamaßnahmen waren für die Monate Juli bis Dezember 2020 jedoch andere Felder zu befüllen. Darauf gehe ich bei den einzelnen Monaten noch ein. Die abziehbaren Vorsteuerbeträge sind in Summe in Feld 66 eingetragen.

Die Umsatzsteuervoranmeldungen

Der erste Monat war naturgemäß eine sogenannte „Nullmeldung", da weder Geld noch Strom geflossen ist. Ich habe also nichts außer die Stammdaten eingetragen und im Übertragungsprotokoll stand dann in der Zeile 83 (das ist das automatisch in Elster aufgrund unserer Eingaben befüllte Feld mit der Summe der Umsatzsteuer-Vorauszahlung/Überschuss) der Betrag 0,00 €.

Im zweiten Monat, dem August, hatten wir die 50%ige Anzahlung geleistet. Die Vorsteuer haben wir in der Zeile 66 geltend gemacht. Der noch erwartete Zuschuss der ILB spielt hierbei übrigens keine Rolle. Er wird auf den Nettopreis des Batteriespeichers gewährt und wirkt sich daher nur auf die

Anschaffungskosten bei der Einkommensteuer aus. Das Protokoll sah dann so aus:

Übertragungsprotokoll

Sendedatum: 21.12.2020 / 17:39:49 Uhr

Umsatzsteuer-Voranmeldung

Finanzamt [redacted]

Übermittelt von:

[redacted]

Anmeldungszeitraum

August 2020

Bei Rückfragen wenden Sie sich bitte an:

[redacted]

Telefon: [redacted]

I. Anmeldung der Umsatzsteuer-Vorauszahlung

Abziehbare Vorsteuerbeträge

Vorsteuerbeträge aus Rechnungen von anderen Unternehmern (§ 15 Absatz 1 Satz 1 Nummer 1 UStG), aus Leistungen im Sinne des § 13a Absatz 1 Nummer 6 UStG (§ 15 Absatz 1 Satz 1 Nummer 5 UStG) und aus innergemeinschaftlichen Dreiecksgeschäften (§ 25b Absatz 5 UStG) | 66 | [redacted]

Umsatzsteuer-Vorauszahlung / Überschuss

Verbleibende Umsatzsteuer-Vorauszahlung beziehungsweise verbleibender Überschuss | 83 | -[redacted]

Für den September hatten wir wieder eine „Nullmeldung" abzugeben.

Im Oktober begann die PVA, Strom zu produzieren und wir haben die zweite Hälfte der Anschaffungskosten überwiesen. Wir haben zum ersten Mal die Einnahmen aus dem Leistungsaustausch und dem Eigenverbrauch angegeben sowie die Vorsteuer aus der Schlusszahlung an den Installateur geltend gemacht. Wegen der reduzierten Steuersätze waren die steuerpflichtigen Umsätze in Feld 35 einzutragen, den Betrag der Steuer mussten wir dann selbst berechnen und in Feld 36 angeben.

Ubertragungsprotokoll

Sendedatum: 21.12.2020 / 17:53:33 Uhr

Übermittelt von:

[redacted]

Umsatzsteuer-Voranmeldung

Finanzamt [redacted]

Anmeldungszeitraum

Oktober 2020

Bei Rückfragen wenden Sie sich bitte an:

[redacted]

Telefon: [redacted]

I. Anmeldung der Umsatzsteuer-Vorauszahlung

Lieferungen und sonstige Leistungen (einschließlich unentgeltlicher Wertabgaben)

Steuerpflichtige Umsätze

zu anderen Steuersätzen (Bemessungsgrundlage)	35	[redacted]
zu anderen Steuersätzen (Steuer)	36	[redacted]

Abziehbare Vorsteuerbeträge

Vorsteuerbeträge aus Rechnungen von anderen Unternehmern (§ 15 Absatz 1 Satz 1 Nummer 1 UStG), aus Leistungen im Sinne des § 13a Absatz 1 Nummer 6 UStG (§ 15 Absatz 1 Satz 1 Nummer 5 UStG) und aus innergemeinschaftlichen Dreiecksgeschäften (§ 25b Absatz 5 UStG)	66	[redacted]

Umsatzsteuer-Vorauszahlung / Überschuss

Verbleibende Umsatzsteuer-Vorauszahlung beziehungsweise verbleibender Überschuss	83	-[redacted]

Für den November gab es neben den steuerpflichtigen Umsätzen eine Besonderheit. Der Installateur hat uns nachträglich einen Preisnachlass in Höhe von 232,- € brutto bzw. 200,- € netto gewährt. Die hierauf entfallende Umsatzsteuer in Höhe von 32,- € müssen wir natürlich wieder von den abziehbaren Vorsteuerbeträgen abziehen, also im Endeffekt dem Finanzamt wieder zurückzahlen.

Übertragungsprotokoll

Sendedatum: 21.12.2020 / 19:17:31 Uhr

Umsatzsteuer-Voranmeldung

Finanzamt [redacted]

Übermittelt von:

[redacted]

Anmeldungszeitraum

November 2020

Bei Rückfragen wenden Sie sich bitte an:

[redacted]

Telefon: [redacted]

I. Anmeldung der Umsatzsteuer-Vorauszahlung

Lieferungen und sonstige Leistungen (einschließlich unentgeltlicher Wertabgaben)

Steuerpflichtige Umsätze

zu anderen Steuersätzen (Bemessungsgrundlage)	35	49
zu anderen Steuersätzen (Steuer)	36	7,84

Abziehbare Vorsteuerbeträge

Berichtigung des Vorsteuerabzugs (§ 15a UStG)	64	-32,00

Umsatzsteuer-Vorauszahlung / Überschuss

Verbleibende Umsatzsteuer-Vorauszahlung beziehungsweise verbleibender Überschuss	83	39,84

Von einer Abbildung der Dezembermeldung sehe ich hier wieder ab, weil in dieser nur die Felder 35, 36 und 83 entsprechend aufgeführt sind.

F5.2 Umsatzsteuervoranmeldung Jahr 2 und 3

Im Jahr 2 der Stromerzeugung ist die Ermittlung der umsatzsteuerpflichtigen Beträge aus dem Leistungsaustausch mit sonnen davon abhängig, ob im Zeitpunkt der Abgabe der Voranmeldung bereits eine Jahresrechnung vorliegt oder nicht. Liegt sie noch nicht vor, berechnen sie sich wie im Jahr 1. Liegt sie dagegen vor, sind die dort ausgewiesenen Werte geteilt durch die Anzahl der abgerechneten Kalendermonate für die Umsatzsteuervoranmeldung eines Monats maßgebend (vgl.

Kapitel D1.4 und D1.5). Im dritten Jahr liegt wohl mir Sicherheit eine Jahresrechnung vor, so dass ich für dieses Jahr auf eine solche Unterscheidung verzichtet habe.

Die Tabelle für Jahr 2

Jahr: 2021

Steuerpflichtige Umsätze

		Gutschrift Leistungsaustausch							
Monat	Ust-Satz	jährliche Freistrommenge Kwh	Monatliche Freistrommenge Kwh	Nettostrompreis Kwh	Gewinn-Beteiligung Netto	Nettoumsatz Abtretung Solarstrom	Bereitstellung Batterie	Einspeisung Sonnenbatterie Netto	Nettobetrag Einnahmen sonnen
Januar	19,00	610,00	50,83	0,2420	5,46 €	7,36 €	2,33 €	0,00 €	15,00 €
Februar	19,00	610,00	50,83	0,2420	5,46 €	7,36 €	2,33 €	0,00 €	15,00 €
März	19,00	610,00	50,83	0,2420	5,46 €	7,36 €	2,33 €	0,00 €	15,00 €
April	19,00	610,00	50,83	0,2420	5,46 €	7,36 €	2,33 €	0,00 €	15,00 €
Mai	19,00	610,00	50,83	0,2420	5,46 €	7,36 €	2,33 €	0,00 €	15,00 €
Juni	19,00	610,00	50,83	0,2420	5,46 €	7,36 €	2,33 €	0,00 €	15,00 €
Juli	19,00	610,00	50,83	0,2420	5,46 €	7,36 €	2,33 €	0,00 €	15,00 €
August	19,00	610,00	50,83	0,2420	5,46 €	7,36 €	2,33 €	0,00 €	15,00 €
September	19,00	610,00	50,83	0,2420	5,46 €	7,36 €	2,33 €	0,00 €	15,00 €
Oktober	19,00	610,00	50,83	0,2420	5,46 €	7,36 €	2,33 €	0,00 €	15,00 €
November	19,00	610,00	50,83	0,2420	5,46 €	7,36 €	2,33 €	0,00 €	15,00 €
Dezember	19,00	610,00	50,83	0,2420	5,46 €	7,36 €	2,33 €	0,00 €	15,00 €
									180,00 €

Alternativ: Spalten F-G erst nach Vorliegen einer Jahresrechnung. Dortige Werte geteilt durch die Anzahl der abgerechneten Kalendermonate.

Abziehbare Vorsteuerbeträge Feld 66 Eigenverbrauch kWh	Nettoumsatz EV	Summe Feld 81	USt	USt Anschaffung PV	USt Sonstige Kosten	Summe Feld 66	Saldo	Monat
61,82	14,00 €	29,00 €	5,51 €			0,00 €	5,51 €	Januar
155,35	37,00 €	52,00 €	9,88 €			0,00 €	9,88 €	Februar
266,97	64,00 €	79,00 €	15,01 €			0,00 €	15,01 €	März
295,48	71,00 €	86,00 €	16,34 €			0,00 €	16,34 €	April
290,1	70,00 €	85,00 €	16,15 €			0,00 €	16,15 €	Mai
331,95	80,00 €	95,00 €	18,05 €			0,00 €	18,05 €	Juni
260	62,00 €	77,00 €	14,63 €			0,00 €	14,63 €	Juli
260	62,00 €	77,00 €	14,63 €			0,00 €	14,63 €	August
260	62,00 €	77,00 €	14,63 €			0,00 €	14,63 €	September
260	62,00 €	77,00 €	14,63 €			0,00 €	14,63 €	Oktober
260	62,00 €	77,00 €	14,63 €			0,00 €	14,63 €	November
260	62,00 €	77,00 €	14,63 €			0,00 €	14,63 €	Dezember
2.961,67	708,00 €	888,00 €	168,72 €			0,00 €	58,52 €	

Die Tabelle für Jahr 3

Jahr: 2022

Steuerpflichtige Umsätze

Monat	Ust-Satz	Gutschrift Leistungsaustausch Nettostrompreis Kwh	Gewinn-Beteiligung Netto	Nettoumsatz Abtretung Solarstrom	Bereitstellung Batterie	Einspeisung Sonnenbatterie Netto	Nettobetrag Einnahmen sonnen
Januar	19,00						0,00 €
Februar	19,00						0,00 €
März	19,00						0,00 €
April	19,00						0,00 €
Mai	19,00						0,00 €
Juni	19,00						0,00 €
Juli	19,00						0,00 €
August	19,00						0,00 €
September	19,00						0,00 €
Oktober	19,00						0,00 €
November	19,00						0,00 €
Dezember	19,00						0,00 €

Abziehbare Vorsteuerbeträge Feld 66

Eigenverbrauch kWh	Nettoumsatz EV	Summe Feld 81	USt	USt Anschaffung PV	USt Sonstige Kosten	Summe Feld 66	Saldo	Monat
	0,00 €	0,00 €	0,00 €			0,00 €	0,00 €	Januar
	0,00 €	0,00 €	0,00 €			0,00 €	0,00 €	Februar
	0,00 €	0,00 €	0,00 €			0,00 €	0,00 €	März
	0,00 €	0,00 €	0,00 €			0,00 €	0,00 €	April
	0,00 €	0,00 €	0,00 €			0,00 €	0,00 €	Mai
	0,00 €	0,00 €	0,00 €			0,00 €	0,00 €	Juni
	0,00 €	0,00 €	0,00 €			0,00 €	0,00 €	Juli
	0,00 €	0,00 €	0,00 €			0,00 €	0,00 €	August
	0,00 €	0,00 €	0,00 €			0,00 €	0,00 €	September
	0,00 €	0,00 €	0,00 €			0,00 €	0,00 €	Oktober
	0,00 €	0,00 €	0,00 €			0,00 €	0,00 €	November
	0,00 €	0,00 €	0,00 €			0,00 €	0,00 €	Dezember
0,00	0,00 €	0,00 €	0,00 €			0,00 €	0,00 €	

Als ich diese Zeilen schrieb (Mitte April 2021) lag mir längst die Jahresrechnung für 2020 von sonnen vor. Bei der Berechnung des „Nettobetrag Einnahmen sonnen“ habe ich in der Formel hinterlegt, dass sobald ein Betrag im Feld „Nettoumsatz Abtretung Solarstrom“ eingetragen ist, die auf den Monat umgerechneten Beträge aus der Jahresrechnung und nicht mehr wie zuvor die monatliche Freistrommengen berücksichtigt werden. Das Finanzamt hat mir mit Schreiben vom 22.01.2021 mitgeteilt, dass ab sofort nur noch eine vierteljährliche Voranmeldung vorgesehen sei. Ich habe daraufhin auf eine Änderung der Tabellen verzichtet und werde für die quartalsmäßigen Voranmeldungen die jeweiligen Beträge für drei Monate nebenbei zusammenrechnen und in die Formulare eintragen.

Für das erste Quartal 2021 habe ich die Voranmeldung erstmalig nicht über mein Steuerprogramm erstellt, sondern direkt in „Mein Elster“. Es gibt nur wenige Steuerprogramme, die gesonderte Module für PVA integriert haben. Ich habe mir eines davon aus Unsicherheit zu Beginn gekauft, fand die Handhabung in der Praxis aber etwas umständlich. Die hinterlegten Steuerratgeber waren recht hilfreich. Was mich störte war, dass das Modul für die PVA für das Jahr 2020 in der Steuersoftware für die Steuerklärung 2019 integriert ist. Für die Gewinnermittlung/EÜR und die Einkommensteuererklärung benötigt man dann wieder auch die Software für das nächste Jahr und muss die Daten aus dem Vorjahr importieren. Dazu später noch mehr. Ich halte jedenfalls eine gesonderte Steuersoftware unter unseren Voraussetzungen für entbehrlich.

Die Umsatzsteuervoranmeldung für das erste Quartal 2021

Umsatzsteuer-Voranmeldung

Allgemein

	Kennzahl	Wert
Jahr		2021
Zeitraum		I. Kalendervierteljahr
Steuernummer		[redacted]

Unternehmer

	Kennzahl	Wert
Name		[redacted]
Vorname		[redacted]
Straße		[redacted]
Hausnummer		[redacted]
Hausnummernzusatz		[redacted]
Ort		[redacted]
Postleitzahl		[redacted]
Telefon		[redacted]
E-Mail		[redacted]

I. Anmeldung der Umsatzsteuer-Vorauszahlung

Lieferungen und sonstige Leistungen (einschließlich unentgeltlicher Wertabgaben)

Steuerpflichtige Umsätze

	Kennzahl	Wert
zum Steuersatz von 19 Prozent	81	160

Umsatzsteuer-Vorauszahlung / Überschuss

	Kennzahl	Wert
Verbleibende Umsatzsteuer-Vorauszahlung beziehungsweise verbleibender Überschuss	83	30,40 €

F6. Umsatzsteuererklärung

Die Umsatzsteuererklärung ist – unabhängig von der Abgabe der Umsatzsteuer-Voranmeldungen – nach amtlich vorgeschriebenem Datensatz durch Datenfernübertragung regelmäßig gem. § 149 Abs. 2 AO spätestens 7 Monate nach

Ablauf des Besteuerungszeitraums (31.7. des Folgejahrs für die Veranlagung 2020) zu übermitteln. Hätten wir einen Steuerberater, verlängert sich diese Frist für die Veranlagungen regelmäßig bis Ende Februar des übernächsten Jahres.

Hier sind natürlich wie in Kapitel D1. bereits ausgeführt die Werte aus der Jahresrechnung von sonnen zu entnehmen und der selbst errechnete Eigenverbrauch (abgerundet auf volle kWh) zu berücksichtigen. Auch hier sind die im Formular einzutragenden Beträge auf volle Euro **ab**zurunden.

Die Tabelle

Einnahmen

Lieferungen und sonstige Leistungen Zeile 38

Jahr	Ust-Satz	Bereitstellung Batterie	Nettoumsatz Abtretung Solarstrom	Gewinn-Beteiligung Netto	Einspeisung Sonnenbatterie Netto	Summe Zeile 38
2020	16	7,00 €	22,07 €	16,38 €	0,00 €	45 €
2021	19	65,00 €	82,62 €	65,00 €	0,00 €	212 €
2022			0,00 €	0,00 €	0,00 €	0 €
2023			0,00 €	0,00 €	0,00 €	0 €
2024			0,00 €	0,00 €	0,00 €	0 €
2025			0,00 €	0,00 €	0,00 €	0 €
2026			0,00 €	0,00 €	0,00 €	0 €
2027			0,00 €	0,00 €	0,00 €	0 €
2028			0,00 €	0,00 €	0,00 €	0 €
2029			0,00 €	0,00 €	0,00 €	0 €
2030			0,00 €	0,00 €	0,00 €	0 €
2031			0,00 €	0,00 €	0,00 €	0 €
2032			0,00 €	0,00 €	0,00 €	0 €
2033			0,00 €	0,00 €	0,00 €	0 €
2034			0,00 €	0,00 €	0,00 €	0 €
2035			0,00 €	0,00 €	0,00 €	0 €
2036			0,00 €	0,00 €	0,00 €	0 €
2037			0,00 €	0,00 €	0,00 €	0 €
2038			0,00 €	0,00 €	0,00 €	0 €
2039			0,00 €	0,00 €	0,00 €	0 €
2040			0,00 €	0,00 €	0,00 €	0 €
2041			0,00 €	0,00 €	0,00 €	0 €
2042			0,00 €	0,00 €	0,00 €	0 €
2043			0,00 €	0,00 €	0,00 €	0 €
2044			0,00 €	0,00 €	0,00 €	0 €

Hinweis: In der Fachliteratur wird empfohlen, im 60. Kalendermonat nach Betriebsbeginn die Kleinunternehmerregelung mit Wirkung ab dem folgenden Kalenderjahr zu wählen.

Beispiel: Betriebsbeginn PV: Oktober 2020,

Wahl der KUR: Oktober 2025, Anwendung der KUR ab dem Kalenderjahr 2026. Ab diesem Jahr ist man dann von der USt befreit.

Wechselt der Ust-Satz oder der Nettostrompreis innerhalb eines Jahres, bitte fü zeitraum eine Extrazeile bilden/einfügen und selbst die Gesamtsummen für die Z bilden!

unentgeltliche Wertabgabe Zeile 39

Eigenverbrauch ganze Kwh (abgerundet)	Nettostrompreis Kwh	Summe Zeile 39	Summe der USt Zeile 16/152
285	0,2420	68 €	[illegible]
3500	0,2420	847 €	[illegible]
		0 €	0,00 €
		0 €	0,00 €
		0 €	0,00 €
		0 €	0,00 €
		0 €	0,00 €
		0 €	0,00 €
		0 €	0,00 €
		0 €	0,00 €
		0 €	0,00 €
		0 €	0,00 €
		0 €	0,00 €
		0 €	0,00 €
		0 €	0,00 €
		0 €	0,00 €
		0 €	0,00 €
		0 €	0,00 €
		0 €	0,00 €
		0 €	0,00 €
		0 €	0,00 €
		0 €	0,00 €
		0 €	0,00 €
		0 €	0,00 €
		0 €	0,00 €

Produktion lt SolarEdge-Monitoring abzgl. Einspeisung lt. Zähler

für jeden Teil-

e Zeileneinträge

Ausgaben

Vorsteuerbeträge Zeile 122 — Zeile 168

Summe abziehbare Vorsteuerbeträge aus Voranmeldung	Summe USt aus noch nicht geltend gemachten Ausgaben	Summe Eintrag Zeile 122	USt vor Verrechnungen mit Vorauszahlungen	Vorauszahlungssoll (erhaltene(-)/gezahlte(+) USt)	Noch zu erhaltene/zahlende USt	Summe USt	Jahr
3.360,00 €	0,00 €	3.360,00 €	3.341,02 €	-3.340,96 €	-0,96 €	-3.341,92 €	2020
0,00 €		0,00 €			201,21 €	201,21 €	2021
0,00 €		0,00 €			0,00 €	0,00 €	2022
		0,00 €			0,00 €	0,00 €	2023
		0,00 €			0,00 €	0,00 €	2024
		0,00 €			0,00 €	0,00 €	2025
		0,00 €			0,00 €	0,00 €	2026
		0,00 €			0,00 €	0,00 €	2027
		0,00 €			0,00 €	0,00 €	2028
		0,00 €			0,00 €	0,00 €	2029
		0,00 €			0,00 €	0,00 €	2030
		0,00 €			0,00 €	0,00 €	2031
		0,00 €			0,00 €	0,00 €	2032
		0,00 €			0,00 €	0,00 €	2033
		0,00 €			0,00 €	0,00 €	2034
		0,00 €			0,00 €	0,00 €	2035
		0,00 €			0,00 €	0,00 €	2036
		0,00 €			0,00 €	0,00 €	2037
		0,00 €			0,00 €	0,00 €	2038
		0,00 €			0,00 €	0,00 €	2039
		0,00 €			0,00 €	0,00 €	2040
		0,00 €			0,00 €	0,00 €	2041
		0,00 €			0,00 €	0,00 €	2042
		0,00 €			0,00 €	0,00 €	2043
		0,00 €			0,00 €	0,00 €	2044

Vorauszahlungssoll ist die Summe der angemeldeten beziehungsweise festgesetzten Umsatzsteuer-Vorauszahlungen / Überschüsse aus dem Voranmeldungsverfahren einschließlich der Sondervorauszahlung für die Dauerfristverlängerung. Ob die Vorauszahlungen bereits entrichtet sind oder ob das Finanzamt einen Überschuss bereits ausgezahlt hat, ist für das Vorauszahlungssoll ohne Bedeutung.

Die Werte für 2020 sind die tatsächlichen, die für das Jahr 2021 nach der Natur der Sache derzeit nur geschätzt.

Die Umsatzsteuererklärung

2020

Umsatzsteuererklärung

A. Allgemeine Angaben

Angaben zum Unternehmen

8	Name des Unternehmers	[redacted]
9	gegebenenfalls abweichender Firmenname	PV [redacted]
10	Art des Unternehmens	Solarstromerzeugung

Adresse oder Postfach

11	Straße	[redacted]
12	Hausnummer	[redacted]
17	Hausnummerzusatz	[redacted]
13	Postleitzahl, Ort	[redacted]

Kontakt

14	Telefon	[redacted]
15	E-Mail-Adresse	[redacted]

Dauer der Unternehmereigenschaft (falls nicht vom 1. Januar bis zum 31. Dezember 2020)

20	1. Zeitraum	02.07-31.12

Besteuerung der Entgelte

22	Die Steuer wurde nach vereinbarten Entgelten (falls ja, bitte eine "1" eintragen), nach vereinnahmten Entgelten (falls ja, bitte eine "2" eintragen) oder nach vereinbarten und vereinnahmten Entgelten (falls ja, bitte eine "3" eintragen) berechnet.	2

Die Abschlusszahlung ist binnen einem Monat nach der Abgabe der Steuererklärung zu entrichten (§ 18 Absatz 4 UStG).

Ein Erstattungsbetrag wird auf das dem Finanzamt benannte Konto überwiesen, soweit der Betrag nicht mit Steuerschulden verrechnet wird.

Ein Umsatzsteuerbescheid ergeht nur, wenn von Ihrer Berechnung der Umsatzsteuer abgewichen wird.

Datenschutzhinweis: Die mit der Steuererklärung angeforderten Daten werden auf Grund der §§ 149, 150 AO sowie der §§ 18, 18b UStG erhoben. Die Angabe der Telefonnummer und der E-Mail-Adresse ist freiwillig. Informationen über die Verarbeitung personenbezogener Daten in der Steuerverwaltung und über Ihre Rechte nach der Datenschutz-Grundverordnung sowie über Ihre Ansprechpartner in Datenschutzfragen entnehmen Sie bitte dem allgemeinen Informationsschreiben der Finanzverwaltung. Dieses Informationsschreiben finden Sie unter www.finanzamt.de (unter der Rubrik "Datenschutz") oder erhalten Sie bei Ihrem Finanzamt.

C. Steuerpflichtige Lieferungen, sonstige Leistungen und unentgeltliche Wertabgaben

Umsätze zu anderen Steuersätzen

45	Umsätze zu anderen Steuersätzen (Bemessungsgrundlage ohne Umsatzsteuer, volle EUR)	113
45	Umsätze zu anderen Steuersätzen (Steuer)	18,08

Summe

60	Summe der Steuer (zu übertragen in Zeile 152)	18,08

J. Abziehbare Vorsteuerbeträge

(ohne die Berichtigung nach § 15a UStG)

122	Vorsteuerbeträge aus Rechnungen von anderen Unternehmern (§ 15 Absatz 1 Satz 1 Nummer 1 UStG)	3.360,00

Summe

131	Summe der Vorsteuerbeträge (zu übertragen in Zeile 158)	3.360,00

L. Berechnung der zu entrichtenden Umsatzsteuer

152	Umsatzsteuer auf steuerpflichtige Lieferungen, sonstige Leistungen und unentgeltliche Wertabgaben (aus Zeile 60)	18,08
157	Zwischensumme	18,08
158	Abziehbare Vorsteuerbeträge (aus Zeile 131)	3.360,00
160	Verbleibender Betrag	-3.341,92
165	Umsatzsteuer/Überschuss (bei Überschuss - bitte dem Betrag ein Minuszeichen voranstellen)	-3.341,92

Verbleibende Umsatzsteuer / Verbleibender Überschuss

167	Verbleibende Umsatzsteuer / Verbleibender Überschuss (bei verbleibendem Überschuss - bitte dem Betrag ein Minuszeichen voranstellen)	-3.341,92
168	Vorauszahlungssoll 2020 (einschließlich Sondervorauszahlung)	-3.340,96

Noch an die Finanzkasse zu entrichten - Abschlusszahlung / Erstattungsanspruch -

169	Noch an die Finanzkasse zu entrichten - Abschlusszahlung/ Erstattungsanspruch (bei Erstattungsanspruch - bitte dem Betrag ein Minuszeichen voranstellen)	-0,96

Die abweichenden Feldnummern sind natürlich wieder der Senkung der Steuersätze von Juli bis Dezember 2020 geschuldet. Anstelle in die Zeilen 38 und 39 waren die Einnahmen in Summe in Feld 155 und die darauf zu entrichtende, selbst errechnete Umsatzsteuer in Feld 156 der

Zeile 45 einzutragen. Die nicht in der Tabelle aufgeführten Zeilen aus Seite 2 der Erklärung werden in Elster automatisch befüllt. Man sieht, die meisten Bereiche des Formulars der Finanzverwaltung sind für uns ohne Bedeutung, und das Ausfüllen der Erklärung ist eigentlich eine Kleinigkeit, wenn man die Daten vorliegen hat.

F7. Einnahmenüberschussrechnung (Anlage EÜR)

Bei der jährlichen Einkommensteuererklärung ist für den Betrieb der PVA die Anlage G auszufüllen. Hier ist als einziger Eintrag in Zeile 4 der Betrieb und die Höhe des Gewinns einzutragen:

[8] Rechnungsbetrag [redacted]

[6] Betrag darin enthaltene Lohnanteile, Maschinen- und Fahrtkosten inklusive Umsatzsteuer [redacted]

Summe

[9] Summe steuerlich berücksichtigungsfähiger Lohnanteile, Maschinen- und Fahrtkosten inklusive Umsatzsteuer [redacted]

Anlage G (Steuerpflichtige Person / Ehemann / Person A)

Einkünfte aus Gewerbebetrieb

Gewinn (ohne die Beträge in den Zeilen 31, 36, 42, 44, 45 und 48; bei ausländischen Einkünften: Anlage AUS beachten)

Gewinn als Einzelunternehmer

1. Betrieb

[4] Betrieb	Solarstromerzeugung
[4] Betrag	-7.206

Anlage Corona-Hilfen

Corona-Soforthilfen, Überbrückungshilfen und vergleichbare Zuschüsse

- in den Anlagen G, L und / oder S der Einkommensteuererklärung sowie in den jeweiligen Gewinnermittlungen als steuerpflichtige Betriebseinnahmen enthalten -

Angaben zur Einkommensteuererklärung

Steuerpflichtige Person / Ehemann / Person A

[4] Wurden im Jahr 2020 für einen / mehrere Betrieb(e) und / oder für eine / mehrere selbständige Tätigkeit(en) Corona-Soforthilfen, Überbrückungshilfen und / oder vergleichbare Zuschüsse bezogen?	2 (= Nein)

Angaben zur Einkommensteuererklärung

Ehefrau / Person B

[4] Wurden im Jahr 2020 für einen / mehrere Betrieb(e) und / oder für eine / mehrere selbständige Tätigkeit(en) Corona-Soforthilfen, Überbrückungshilfen und / oder vergleichbare Zuschüsse bezogen?	2 (= Nein)

Der Gewinn wird mit der Anlage EÜR ermittelt. Die hierfür erforderlichen Beträge berechne ich mit folgender Tabelle, wobei ich hier aus Gründen der Übersichtlichkeit nur die ersten beiden Kalenderjahre abbilde. Lediglich den Tabellenbereich für die Abschreibung für Abnutzung (AfA) bilde ich für deren gesamte Laufzeit von 21 Kalenderjahren ab. Die eigentliche Tabellenkalkulation bildet insgesamt 25 Kalenderjahre ab.

Einnahmen

Einnahmen Zeile 14 (bei KUR Zeile 11) | **Betriebsentnahmen Zeile 20**

Jahr	Ust-Satz	Bereitstellung Batterie	Nettoumsatz Abtretung Solarstrom	GewinnBeteiligung Netto	Einspeisung Sonnenbatterie Netto	Summe Zeile 14 (KUR: Zeile 11)	Eigenverbrauch ganze Kwh (abgerundet)	Gesamtproduktion des Jahres der PV- Anlage ganze Kwh (abgerundet)	Stromherstellungskosten je Kwh	Summe Zeile 20
2020	16	7.00 €	22.07 €	16.38 €	0.00 €	45.45 €	285.00	338	0.2000 €	57.00 €
2021	19	65.00 €	82.62 €	65.00 €	0.00 €	212.62 €	3.500.00	5700	0.1792 €	627.12 €

Produktion lt SolarEdge-Monitoring abzgl. Einspeisung lt. Zähler

Hinweis: Auf max. 0.20€ zu begrenzen. Für die Stromherstellungskosten dürfte die Sonderabschreibung keine Rolle spielen. Hier ist der ggf anteilige lineare Abschreibungswert über 20 Jahre zzgl. sonst. Ausgaben maßgebend

Hinweis: In der Fachliteratur wird empfohlen, im 60. Kalendermonat nach Betriebsbeginn die Kleinunternehmerregelung mit Wirkung ab dem folgenden Kalenderjahr zu wählen.
Beispiel: Betriebsbeginn PV: Oktober 2020. Wahl der KUR: Oktober 2025. Anwendung der KUR ab dem Kalenderjahr 2026.
Ab diesem Jahr ist man dann von der USt befreit. In den Spalten C, D, E und F und in Summe in Zeile 11 statt in Zeile 14 sind dann die Bruttobeträge einzutragen. Die Einträge in Zeile 16 entfallen dann.
In den übrigen Spalten ändert sich nichts, da insbesondere die der Abschreibung zugrunde liegenden Beträge netto gleich brutto waren

Ausgaben

Zeile 16

Vereinnahmte USt aus Einnahmen (nicht bei KUR)	Nettostrompreis Kwh	USt auf unentgeltliche Wertabgaben	Summe Zeile 16	Vom Finanzamt erstattete USt Zeile 17	Gezahlte Vorsteuerbeträge Zeile 63	An das FA IN DIESEM JAHR gezahlte USt Zeile 64	sonstige Betriebsausgaben (siehe Ausfüllhilfe)
7.27 €	0,2420	10.88 €	18.15 €		3.360.00 €	39,84 €	25,93 €
40.40 €	0,2420	160.93 €	201.33 €	3.360.00 €		0,00 €	77,80 €

AfA **Anschaffungskosten ne**AfA Linear für Stromherstellungskosten

18.870,30 € 943,52 €

Anschaf-fungskosten/ Buchwert	Anzahl Monate AfA im Jahr 1 und 21	Linear	Prozent Sonder-AfA Jahre 1 – 5	Sonder-Afa	Saldo (Gewinn/ Verlust)	Jahr
18.870,30 €	4	314,51 €	19	3.585,36 €	-7.205,03 €	2020
14.970,44 €		943,52 €	0	0,00 €	3.379,76 €	2021
14.026,92 €		943,52 €	0	0,00 €	-943,52 €	2022
13.083,41 €		943,52 €	0	0,00 €	-943,52 €	2023
12.139,89 €		943,52 €	1	188,70 €	-1.132,22 €	2024
11.007,68 €		733,85 €			-733,85 €	2025
10.273,83 €		733,85 €			-733,85 €	2026
9.539,99 €		733,85 €			-733,85 €	2027
8.806,14 €		733,85 €			-733,85 €	2028
8.072,30 €		733,85 €			-733,85 €	2029
7.338,45 €		733,85 €			-733,85 €	2030
6.604,61 €		733,85 €			-733,85 €	2031
5.870,76 €		733,85 €			-733,85 €	2032
5.136,92 €		733,85 €			-733,85 €	2033
4.403,07 €		733,85 €			-733,85 €	2034
3.669,23 €		733,85 €			-733,85 €	2035
2.935,38 €		733,85 €			-733,85 €	2036
2.201,54 €		733,85 €			-733,85 €	2037
1.467,69 €		733,85 €			-733,85 €	2038
733,85 €		733,85 €			-733,85 €	2039
0,00 €	8	0,00 €			0,00 €	2040
					0,00 €	2041
					0,00 €	2042
					0,00 €	2043
					0,00 €	2044

Sonder- AfA
In den ersten
5 Jahren
Max. 20%
Insgesamt

Diese Tabelle ist etwas umfangreicher. Ich werde deshalb den Aufbau und die Felder etwas genauer beschreiben.

Für die Gewinnermittlung benötigen wir zunächst die Höhe der „Umsatzsteuerpflichtigen Betriebseinnahmen", die in Zeile 14 der EÜR einzutragen sind. Durch den Bezug zur

Umsatzsteuerpflicht habe ich die entsprechenden Einzelbeträge aus der Umsatzsteuererklärung automatisch übernommen. Dies habe ich nur für die Jahre 1 – 6 des Betriebs vorgesehen, da wir danach die KUR wählen wollen und dann keine Umsatzsteuer mehr anfällt. Für die Jahre danach sind dann die (Brutto-) Werte hier manuell aus der Jahresrechnung zu übernehmen. Hier sind die Einnahmen – im Gegensatz zu den Umsatzsteuererklärungen - centgenau einzutragen.

In Zeile 20 sind die Betriebsentnahmen als „Sonstige Sach-, Nutzungs- und Leistungsentnahmen" einzutragen. Für uns ist das der Wert des Eigenverbrauchs. Auch hier übernehme ich für die ersten sechs Kalenderjahre die entsprechende Strommenge aus der Umsatzsteuererklärung, danach aus unseren Berechnungen der Monats- bzw. Jahreswerte. Die Höhe des Wertes richtet sich bei der Einkommensteuer grundsätzlich nach den Stromherstellungskosten je kWh (vgl. Kapitel D2.3). Damit erklärt sich auch, warum ich hier die Gesamtproduktion der PVA für das Jahr benötige. Die Stromherstellungskosten dürfen auf 0,20 € begrenzt werden.

Die vereinnahmten Umsatzsteuerbeträge auf die Betriebseinnahmen der Zeile 14 sind für die Dauer der Regelbesteuerung gesondert als einkommensteuerpflichtige Einnahmen in Zeile 16 zu erfassen. Für die Zeiten, in denen wir die KUR wählen werden – also ab dem sechsten Kalenderjahr – entfällt die gesonderte Erfassung, da diese Betriebseinnahmen dann ja bereits brutto in Zeile 11 erfasst werden. Davon unabhängig zählt die Umsatzsteuer auf unentgeltliche Wertabgaben der Zeile 20 durchgehend im Zeitpunkt ihrer Entstehung zu den Betriebseinnahmen und ist in dieser Zeile einzutragen.

In Zeile 17 sind die vom Finanzamt erstatteten und gegebenenfalls verrechneten Umsatzsteuerbeträge einzutragen. Eine innerhalb von 10 Tagen nach Beginn des Kalenderjahres fällig gewordene und zugeflossene Umsatzsteuer-Erstattung für einen Voranmeldungszeitraum des Vorjahres ist als regelmäßig wiederkehrende Einnahme im Sinne des § 11 Absatz 1 Satz 2 EStG im Vorjahr als Betriebseinnahme zu berücksichtigen. Da das Finanzamt unsere Vorsteuerbeträge erst später erstattet hat, haben wir diese erst bei der Einkommensteuererklärung für das Jahr anzugeben, in dem uns die Erstattung zugeflossen ist. Das hat natürlich unseren steuerlichen Verlust in diesem Jahr entsprechend erhöht.

Die in Eingangsrechnungen enthaltenen Vorsteuerbeträge auf die Betriebsausgaben gehören im Zeitpunkt ihrer Bezahlung zu den Betriebsausgaben und sind in Zeile 63 einzutragen.

Die aufgrund der Umsatzsteuervoranmeldungen oder aufgrund der Umsatzsteuerjahreserklärung an das Finanzamt gezahlte und gegebenenfalls verrechnete Umsatzsteuer ist in Zeile 64 einzutragen.

Sonstige Betriebsausgaben unterschiedlichster Art können natürlich auch anfallen. Hier werden wir im Laufe der Zeit immer wieder mal den Bereich 4 – Betriebsausgaben – der Anlage EÜR durchsehen, ob davon etwas auf uns zutrifft. Bislang war das nur der gesondert ausgewiesene Anteil der PVA an der Gebäudeversicherung.

Anhand der Eingaben wird dann der Gewinn/Verlust automatisch berechnet. Auch die noch auszufüllende Anlage AVEÜR wird dabei berücksichtigt.

Neben den Stammdaten wird diese Anlage erst ab Zeile 12 für uns interessant. Zu unseren steuerlichen Aspekten zur Abschreibung verweise ich auf Kapitel D2.6. In Zeile 12 des Formulars und in meiner Tabelle sind zunächst die Anschaffungskosten als „Zugänge“ einzutragen. Die Tabelle berechnet dann den jährlichen Abschreibungswert.

In der Tabellenzeile des ersten Kalenderjahres sind dann die Kalendermonate seit dem Monat der Fertigstellung/Übergabe der PVA durch den Installateur anzugeben. Dann wird der lineare Abschreibungsbetrag für dieses Jahr berechnet. Für die Möglichkeit der Sonderabschreibung habe ich dort die Eingabe von Prozentwerten vorgesehen. Je nachdem, wann die vollen 20% der Sonderabschreibung verbraucht sind, wird der lineare Abschreibungsbetrag für die Folgejahre in der Tabelle anhand des verbleibenden Buchwertes neu berechnet. Da ich im Anschaffungsjahr im Vergleich zu den Folgejahren ein recht hohes zu versteuerndes Einkommen erwartete, habe ich die Sonderabschreibung bis auf ein Prozent in diesem Jahr geltend gemacht. Um den höheren linearen Abschreibungsbetrag noch die vollen fünf Jahre gelten machen zu können, nehme ich das letzte Prozent der Sonderabschreibung erst im fünften Jahr in Anspruch. Den entsprechenden Betrag habe ich in das Feld „Sonderabschreibung nach § 7g Absatz 5 und 6 EStG“, den der linearen Abschreibung in das Feld „AfA“ des Formulars eingetragen. Das waren bereits alle für unsere Verhältnisse zu tätigenden Eingaben, die restlichen Felder berechnet das Formular der Finanzverwaltung automatisch. Auch dieses Formular sollte man in „Mein Elster“ sich einfach mal anschauen und durch scrollen, ob nicht doch noch ein Themenbereich für einen persönlich von Belang ist.

Meine Anlage EÜR inklusive AVEÜR sah schließlich so aus:

Anlage EÜR

Einnahmenüberschussrechnung nach § 4 Absatz 3 EStG für das Kalenderjahr 2020

Allgemeine Angaben zum Betrieb

1	Name des Steuerpflichtigen beziehungsweise der Gesellschaft/Gemeinschaft/Körperschaft	[redacted]	
2	Vorname	[redacted]	
5	Art des Betriebs	Solarstromerzeugung	99 | 15 | 100 | Solarstromerzeugung
6	Rechtsform des Betriebes	Sonstige Einzelgewerbetreibende (außer Hausgewerbe und gleichgestellte Personen)	
7	Einkunftsart: Land- und Forstwirtschaft = 1, Gewerbebetrieb = 2, Selbständige Arbeit = 3	2	103 | 2
8	Betriebsinhaber:	Steuerpflichtige Person/ Ehemann/Person A (Ehegatte A/ Lebenspartner[in] A)/ Gesellschaft/ Körperschaft	104 | 1
10	Wurden im Kalenderjahr/Wirtschaftsjahr Grundstücke/ grundstücksgleiche Rechte entnommen oder veräußert? (Ja = 1, Nein = 2)	2	120 | 2

Hinweis bei Authentifizierung

Bei der Ausfertigung der Gewinnermittlung und der Anlagen hat mitgewirkt:

1. Gewinnermittlung

Betriebseinnahmen (einschließlich steuerfreier Betriebseinnahmen)

Umsatzsteuerpflichtige Betriebseinnahmen

Summe

14 Gesamtbetrag	45,45	99 20 112	45,45

Vereinnahmte Umsatzsteuer sowie Umsatzsteuer auf unentgeltliche Wertabgaben

Summe

16 Gesamtbetrag	18,15	140	18,15

Sonstige Sach-, Nutzungs- und Leistungsentnahmen

Summe

20 Gesamtbetrag	57,00	108	57,00

Weitere Angaben

22 Summe Betriebseinnahmen (Übertrag in Zeile 89)	120,60	159	120,60

Betriebsausgaben

(einschließlich auf steuerfreie Betriebseinnahmen entfallende Betriebsausgaben)

Absetzung für Abnutzung (AfA)

31 AfA auf bewegliche Wirtschaftsgüter (Übertrag aus Zeile 13 der Anlage AVEÜR)	314,51	99 25 130	314,51
41 Sonderabschreibungen nach §7b EStG und § 7g Absatz 5 und 6 EStG (Übertrag der Summe der Zeilen 4 und 13 der Anlage AVEÜR)	3.585,36	134	3.585,36

Sonstige unbeschränkt abziehbare Betriebsausgaben

Beiträge, Gebühren, Abgaben und Versicherungen (ohne solche für Gebäude und Kraftfahrzeuge)

Summe

55 Gesamtbetrag	25,93	223	25,93

Gezahlte Vorsteuerbeträge

Summe

63 Gesamtbetrag	3.360,00	185	3.360,00

An das Finanzamt gezahlte und gegebenenfalls verrechnete Umsatzsteuer (Die Regelung zum 10-Tageszeitraum nach § 11 Absatz 2 Satz 2 EStG ist zu beachten)

Summe

64 Gesamtbetrag	39,84	186	39,84

Übrige unbeschränkt abziehbare Betriebsausgaben (auch zurückgezahlte Hilfen/Zuschüsse aufgrund der Corona-Pandemie)

Summe

66 Gesamtbetrag	0,00	183	0,00

Summe Betriebsausgaben

88 Summe Betriebsausgaben (Übertrag in Zeile 90)	7.325,64	199	7.325,64

Ermittlung des Gewinns

Überträge

89	Summe der Betriebseinnahmen (Übertrag aus Zeile 22)	120,60				
90	abzüglich Summe der Betriebsausgaben (Übertrag aus Zeile 88)	7.325,64				

Korrigierter Gewinn/Verlust

104	Korrigierter Gewinn/Verlust	-7.205,04			290	-7.205,04

Steuerpflichtiger Gewinn/Verlust

107	Steuerpflichtiger Gewinn/Verlust vor Anwendung des § 4 Absatz 4a EStG	-7.205,04			293	-7.205,04
109	Steuerpflichtiger Gewinn/Verlust	-7.205,04			219	-7.205,04

3. Zusätzliche Angaben bei Einzelunternehmen

Entnahmen und Einlagen im Sinne des § 4 Absatz 4a EStG

Entnahmen einschließlich Sach-, Leistungs- und Nutzungsentnahmen

Summe

125	Gesamtbetrag	57,00	99	29	122	57,00

Einlagen einschließlich Sach-, Leistungs- und Nutzungseinlagen

Summe

126	Gesamtbetrag	0,00			123	0,00

Anlage AVEÜR 2020

Anlageverzeichnis/Ausweis des Umlaufvermögens zur Anlage EÜR

Bewegliche Wirtschaftsgüter (ohne GWG)

Andere

Summen

12	Summe Zugänge	18.870,30	99	40	422	18.870,30
12	Summe Sonderabschreibung nach § 7g Absatz 5 und 6 EStG	3.585,36			423	3.585,36
12	Summe AfA	314,51			424	314,51
12	Summe Buchwerte am Ende des Gewinnermittlungszeitraums	14.970,43			426	14.970,43

Summe

13	Summe Sonderabschreibung nach § 7g Absatz 5 und 6 EStG aller beweglichen Wirtschaftsgüter (zu erfassen in Zeile 41 der Anlage EÜR)	3.585,36			480	3.585,36
13	Summe AfA aller beweglichen Wirtschaftsgüter (Übertrag in Zeile 31 der Anlage EÜR)	314,51			490	314,51

Das Gesamtergebnis, also der Verlust stimmt also – ebenso wie der Buchwert am Ende des Gewinnermittlungszeitraumes bis auf einen Cent mit meiner Tabelle überein. Dies ist einer Rundungsdifferenz bei einer Berechnung innerhalb der Tabelle geschuldet und wirkt sich nur auf meine Tabelle, nicht auf die in die Steuerformulare einzutragenden Werte aus. Die Damit kann ich gut leben.

F8. Wirtschaftlichkeitsprotokoll Privat

Der grundsätzliche Aufbau dieser Tabelle entspricht dem der „Wirtschaftlichkeitsprognose Privat", auf die ich insoweit verweise (vgl. Kapitel F3.). Ich werde in dieser nun aber die tatsächlichen Werte und Kosten dokumentieren sowie die jeweils tatsächlichen aktuellen Stromtarife berücksichtigen. Bei den Einnahmen PV habe ich die Spalte „Gewinnbeteiligung netto" durch die Spalte „Einnahmen Netzdienstleistungen Netto" ersetzt. In dieser werde ich zusätzlich zu der Gewinnbeteiligung die Kostenerstattung für die Einspeisung aus der Sonnenbatterie in das virtuelle Kraftwerk berücksichtigen, also insgesamt den unter Ziffer 2 der Jahresrechnung von sonnen ausgewiesenen Gesamtbetrag für Netzdienstleistungen. Da die USt hieraus ggf. bei den Kosten „Summe USt" enthalten ist, sind die Einnahmen hier brutto anzugeben.

	Kosten PV				Einnahmen PV		
	Abschreibung	Kosten Netzbezug Oberhalb Freistrommenge	Summe USt	Betriebs-Ausgaben	Einnahmen Netz-dienstleistungen brutto	Jahres-Kosten PV	Aufsummiert
2020	314,51 €	189,96 €	18,08 €	25,93 €	19,00 €	529,48 €	529,48 €
2021	943,52 €	288,00 €	28,08 €	77,80 €	65,00 €	1.272,40 €	1.801,87 €
2022	943,52 €					943,52 €	2.745,39 €
2023	943,52 €					943,52 €	3.688,90 €
2024	943,52 €					943,52 €	4.632,42 €
2025	943,52 €					943,52 €	5.575,93 €
2026	943,52 €					943,52 €	6.519,45 €
2027	943,52 €					943,52 €	7.462,96 €
2028	943,52 €					943,52 €	8.406,48 €
2029	943,52 €					943,52 €	9.349,99 €
2030	943,52 €					943,52 €	10.293,51 €
2031	943,52 €					943,52 €	11.237,02 €
2032	943,52 €					943,52 €	12.180,54 €
2033	943,52 €					943,52 €	13.124,05 €
2034	943,52 €					943,52 €	14.067,57 €
2035	943,52 €					943,52 €	15.011,08 €
2036	943,52 €					943,52 €	15.954,60 €
2037	943,52 €					943,52 €	16.898,11 €
2038	943,52 €					943,52 €	17.841,63 €
2039	943,52 €					943,52 €	18.785,14 €
2040	629,01 €					629,01 €	19.414,15 €
2041						0,00 €	19.414,15 €
2042						0,00 €	19.414,15 €
2043						0,00 €	19.414,15 €
2044						0,00 €	19.414,15 €

Hinweis: Hier werden im Laufe der Jahre die tatsächlichen Werte eingetragen. Die vermiedenen Stromkosten sollten dab
jährlich bei einem Vergleichsportal ermittelt werden!

Vermiedene Stromkosten

	kwh	Arbeitspreis Je kwh	Gesamt-Arbeitspreis	Grundpreis	Summe	Aufsummiert		Gewinn PV
2020	985	0,2815	277,28 €	30,00 €	307,28 €	307,28 €		-222,20 €
2021	4180	0,2815	1.176,67 €	130,92 €	1.307,59 €	1.614,87 €		-187,00 €
2022	4180				0,00 €	1.614,87 €		-1.130,52 €
2023	4180				0,00 €	1.614,87 €		-2.074,03 €
2024	4180				0,00 €	1.614,87 €		-3.017,55 €
2025	4180				0,00 €	1.614,87 €		-3.961,06 €
2026	4180				0,00 €	1.614,87 €		-4.904,58 €
2027	4180				0,00 €	1.614,87 €		-5.848,09 €
2028	4180				0,00 €	1.614,87 €		-6.791,61 €
2029	4180				0,00 €	1.614,87 €		-7.735,12 €
2030	4180				0,00 €	1.614,87 €		-8.678,64 €
2031	4180				0,00 €	1.614,87 €		-9.622,15 €
2032	4180				0,00 €	1.614,87 €		-10.565,67 €
2033	4180				0,00 €	1.614,87 €		-11.509,18 €
2034	4180				0,00 €	1.614,87 €		-12.452,70 €
2035	4180				0,00 €	1.614,87 €		-13.396,21 €
2036	4180				0,00 €	1.614,87 €		-14.339,73 €
2037	4180				0,00 €	1.614,87 €		-15.283,24 €
2038	4180				0,00 €	1.614,87 €		-16.226,76 €
2039	4180				0,00 €	1.614,87 €		-17.170,27 €
2040	4180				0,00 €	1.614,87 €		-17.799,28 €
2041	4180				0,00 €	1.614,87 €		-17.799,28 €
2042	4180				0,00 €	1.614,87 €		-17.799,28 €
2043	4180				0,00 €	1.614,87 €		-17.799,28 €
2044	4180				0,00 €	1.614,87 €		-17.799,28 €

Gesamtverbrauch abzüglich zusätzlicher Verbrauch durch PVA (geschätzt 120 kWh Stand 02/2021)

Der Strombedarf oder auch der Gesamtverbrauch (Spalte kWh) ist die Summe aus dem Eigenverbrauch des Solarstromes (die laut Wechselrichter produzierte Strommenge abzüglich der laut Zweirichtungszähler eingespeisten Strommenge) und dem zusätzlich aus dem Netz bezogenen Strom. Den Wert entnehme ich der später noch vorzustellenden Tabelle mit den Jahreswerten. Die Tabelle besitzt derzeit natürlich noch keine Aussagekraft, bzw. wird diese erst im Laufe der Jahre entwickeln. Was mich optimistisch stimmt, ist aber, dass der tatsächliche Verlust des ersten Jahres niedriger ist als der prognostizierte.

F9. Sonstige Ausgaben

Diese Tabelle dient einfach nur der Dokumentation der sonstigen Betriebsausgaben. Ich werde sie manuell versorgen und regelmäßig mit den Tabellen UStvoranmeldung, USt-Erklärungen, EÜR und Wirtschaftlichkeitsprotokoll Privat abgleichen.

Hier können die sonstigen Ausgaben erfasst und die entsprechen Beträge in die übrigen Tabellenblättern manuell übernommen werden. Eine automatische Übertragung in die übrigen Blätter ist nicht vorgesehen.

Echte Versicherungen enthalten keine Umsatzsteuer, sondern Versicherungssteuer. Da die Versicherungssteuer nicht auf die Umsatzsteuer angerechnet werden darf, ist kein Vorsteuerabzug zulässig.

Datum	Ust-Satz	Nettobetrag	USt	Bruttobetrag	Bezeichnung
28.09.20	0	25,93 €	0,00 €	25,93 €	Anteil PV Wohngebäudeversicherung
04.01.21	0	77,80 €	0,00 €	77,80 €	Anteil PV Wohngebäudeversicherung
x	19	50,00 €	9,50 €	59,50 €	
			0	0,00 €	
			0	0,00 €	
			0	0,00 €	

F10. Monatswerte

Für die Umsatzsteuervoranmeldungen benötige ich natürlich auch die monatlichen Werte der PVA und meine persönlichen Verbrauchswerte, nämlich

- meinen Gesamtverbrauch an Strom,
- die von der PVA erzeugte Strommenge,
- die Menge des zusätzlich aus dem Netz bezogenen Stromes,

- den Eigenverbrauch aus der von der PVA erzeugten Strommenge und
- die aus der PVA ins Netz eingespeiste Strommenge.

Dafür stehen mit verschiedene Datenquellen zur Verfügung, nämlich

- die App des Wechselrichters (erzeugte Strommenge),
- der Zweirichtungszähler (folgend auch WZ wie Wechselzähler, Strombezug aus dem Netz und die ins Netz eingespeiste Strommenge) und
- die sonnenApp bzw. die Internetseite my.sonnen.de (Verbrauch, Prozentsätze der Autarkie und des Netzbezuges, Erzeugung, Prozentsätze des Eigenverbrauches und der Netzeinspeisung).

Am 01. November 2020 und Anfang Dezember 2020 habe ich mir die Werte von my.Sonnen.de (folgend auch App genannt), monitoring.solaredge.com (folgend auch WR wie Wechselrichter) und die am Monatsletzten gegen 20 Uhr abgelesenen Stände des WZ vorgenommen und wollte sie in meine Tabellenkalkulationen einfügen, um die ersten Umsatzsteuervoranmeldungen zu simulieren. Ich habe also zum ersten Mal bewusst die mir vorliegenden Wertearten mit meinen Tabellen abgeglichen. Und siehe da, mir liegen gar nicht alle Werte vor, die ich für meine Tabellen vorgesehen hatte.

Die von mir mühsam zusammengetragene theoretische Berechnung des Eigenverbrauches, unterschieden nach Direktverbrauch aus der PVA, eingespeicherte kWh in die Batterie, maximalem Gesamtwirkungsgrad der Batterie und daraus resultierenden ausgespeicherten kWh war also für die Katz. Wäre ja auch zu schön gewesen. Was tun, sprach Zeus?

Zunächst einmal der Hinweis von mir, dass es in my.Sonnen.de unter Hilfe & Support einen Unterpunkt Steuer gibt. Hier kann man einen Zeitraum angeben, für den dann Verbrauch, Erzeugung und die daraus resultierenden Werte der Netzeinspeisung, des Netzbezuges und des Eigenverbrauches angezeigt werden. Unter „Wie funktioniert`s?" gibt es einen Hinweis, der nicht zu unterschätzen ist: „Bitte beachten Sie, dass die hier verwendeten Daten... aus der Batterie entnommen werden. Die Messklemmen sind keine geeichten Zähler und können daher von den Abrechnungsmessgrößen abweichen! Wenn möglich verwenden Sie bitte die Messwerte der abrechnungsrelevanten Zähler."

Nachdem aber schon die Werte „Netzbezug" und „Netzeinspeisung" relativ wenig mit denen des Zweirichtungszählers gemein hatten, reifte in mir der Entschluss, diesen Unterpunkt sicherheitshalber doch nicht für die Werteermittlung für das Finanzamt zu nutzen:

	WZ kWh Netzbezug	App kWh Netzbezug	Einspei-sung kWh WZ	App kWh Netzeinspei sung
Oktober	290	277,4	8,4	20,4
November	212,9	191,3	34,6	35,8

Nun können die Differenzen auch zusätzlich mit der Netzstabilisierung zu tun haben (das hat sich bisher nicht bestätigt). Das half mir aber im Moment nicht weiter. Also beschloss ich, die steuerrelevanten Daten möglichst anhand der WZ- und WR- Daten zu ermitteln, und nur die nicht auf diesem Wege zu berechnenden Werte aus dem Menüpunkt

„Auswertung → Statistik" in my.Sonnen.de. Sicherheits- und interessehalber habe ich aber am nächsten Tag meine Tabellenkalkulationen um zwei Blätter „Monatswerte" und „Jahreswerte" ergänzt, in denen die unterschiedlichen Werte von WZ, WR und „Auswertung → Statistik" in my.Sonnen.de gegenübergestellt werden. Zusätzlich gleiche ich in dieser Tabelle auch die vom Installateur prognostizierten Erzeugungsmengen mit den tatsächlichen Werten ab. Dem genannten Unterpunkt Steuer werde ich wohl künftig keine weitere Beachtung schenken.

Nun aber zurück zur Umsatzsteuervoranmeldung. Welche Werte benötige ich und wie kann ich sie ermitteln?

Die Ermittlung der Einnahmen aus dem Leistungsaustausch bleibt unverändert. Die Einnahmen aus der Nutzung der SonnenBatterie als Virtuelles Kraftwerk und für die Netzstabilisierung werden erst mit der ersten Jahresrechnung von sonnen steuerrelevant. Die Menge des eigenverbrauchten Stroms aus der PVA und dem Speicher insgesamt errechne ich nach folgender Formel:

Produktion lt. SolarEdge-Monitoring - Einspeisung lt. WZ = Eigenverbrauch

Nicht optimal, aber ich hoffe, das wird sich im Rahmen der Jahresrechnung relativieren.

Der Gesamtverbrauch erscheint mir nach den ersten Monatswerten aber höher als zuvor. Ich habe die Werte mit meinen Vorjahreswerten verglichen und auf die jeweiligen Monate anhand der Internetseite https://www.musterhaushalt.de/durchschnitt/stromverbrauch/ hochgerechnet. Dabei habe ich einen Mehrverbrauch von durchschnittlich ca. 10 kWh im Monat, im Jahr ca. 120 kWh berechnet. Dies hält sich also in Grenzen und wird weiter beobachtet. Denn im Vergleich zum Strombezug ohne PVA kommen der Strom für den Batteriewechselrichter und die Regelung (Batteriemanagementsystem) sowie für den Internetanschluss hinzu. Dazu im Internet: „Vernachlässigt wird bisher, den Strom differenziert aufzuschlüsseln, den der Stromspeicher selbst verbraucht. Die Datenblätter der Hersteller machen dazu nur sehr selten nützliche Angaben. Dabei ist der Stand-by-Modus nur eine Komponente, sie allein anzugeben reicht nicht. In der Regel ist der Leistungsbedarf dreimal höher. Der Eigenverbrauch für das Stand-by des Speichersystems (in toto: 14 Watt Leistung) summiert sich im Jahr laut IBC Solar auf 122 Kilowattstunden bei 100 Prozent Stand-by. Der Leistungsbedarf im realen Betrieb dürfte dreimal höher sein. Denn: „Im Betrieb wird die Leistungsaufnahme in der Größenordnung um 50 Watt liegen", rechnet Iris Meyer von IBC Solar vor." Derartig energieintensiv scheint der zusätzliche Energiebedarf im realen Betrieb bei mir nicht zu sein. In der Wirtschaftlichkeitsprognose und dem -protokoll habe ich bereits entsprechende Abschläge bei den vermiedenen Stromkosten und damit einen geringeren Verbrauch ohne PVA unterstellt.

Meine Tabelle „Monatswerte" hat derzeit also folgenden Aufbau:

			Sonnenapp	App		App		App
Jahr	Monat	WZ Gesamt-verbrauch	kWh Ver-brauch	Prozent Autarkie	kWh Au-tarkie	Prozent Netzbe-zug	WZ kWh Netzbe-zug	App kWh Netzbezg
2020	Januar	0			0.00			0.00
2020	Februar	0			0.00			0.00
2020	März	0			0.00			0.00
2020	April	0			0.00			0.00
2020	Mai	0			0.00			0.00
2020	Juni	0			0.00			0.00
2020	Juli	0			0.00			0.00
2020	August	0			0.00			0.00
2020	Septemb	0			0.00			0.00
2020	Oktober	340,21	316,4	12	37.97	88	290,4	278.43
2020	Novemb	347,93	307,5	38	116.85	62	213,3	190.65
2020	Dezemb	392,9	358,7	25	89.68	75	291,6	269.03
2021	Januar	368,62	335,3	16	53.65	84	306,8	281.65
2021	Februar	325,85	289,8	47	136.21	53	170,5	153.59
2021	März	370,57	316,1	74	233.91	26	103,6	82.19

				App			App		
	WR kWh Erzeu-gung	App kWh Erzeu-gung	SE Pro-gnose Er-zeugung	Prozent Eigenver-brauch	WZ Ei-genver-brauch	App kWh Eigenver-brauch	Prozent Netzein-speisung	Einspei-sung WZ	App kWh Netzein-speisung
0					0	0.00			0.00
0					0	0.00			0.00
0					0	0.00			0.00
0					0	0.00			0.00
0					0	0.00			0.00
0					0	0.00			0.00
0					0	0.00			0.00
0					0	0.00			0.00
0					0	0.00			0.00
3	58,91	59,6	122,56	86	49,81	51.26	14	9,1	8.34
5	169,23	172,1	211	79	134,63	135.96	21	34,6	36.14
3	110,3	114	146	92	101,3	104.88	8	9	9.12
5	84,02	87,5	195	74	61,82	64.75	26	22,2	22.75
9	248,25	250,4	287	62	155,35	155.25	38	92,9	95.152
9	424,07	424	479	63	266,97	267.12	37	157,1	156.88

Die gelb unterlegten Spalten enthalten letztendlich die Werte, die für die Umsatzsteuervoranmeldung ausschlaggebend sind.

Zu den einzelnen Spalten möchte ich noch folgende Hinweise geben:

- WZ Gesamtverbrauch

Dies ist die Summe aus dem Netzbezug laut WZ und dem errechneten „WZ Eigenverbrauch“.

- kWh Verbrauch und Prozent Autarkie

Hier nehme ich die Werte aus der App. Hier zeigt sich leider die Unzuverlässigkeit der App-Werte in besonderem Maße. Eigentlich müsste der in der App genannte kWh Verbrauch in etwa dem Gesamtverbrauch laut WZ entsprechen.

- kWh Autarkie

Das berechne ich aus den vorherigen beiden Werten und erhalte die Strommenge, die von meinem Verbrauch laut App aus der PVA gedeckt wird. Letztendlich müsste das also in etwa dem Eigenverbrauch entsprechen. Tut es aber leider nicht. Ein weiteres Argument dafür, die App zwar als kleine Spielerei für zwischendurch anzusehen, aber nicht als Quelle für tatsächliche Werte.

- Prozent Netzbezug, App kWh Netzbezug und WZ kWh Netzbezug

Anhand des in der App ausgewiesenen Prozentsatzes an Netzbezug meines Verbrauches berechne ich die entsprechende Strommenge aus dem Verbrauch laut App. Die vom WZ gemessene aus dem Netz bezogenen Strommenge für den jeweiligen Monat erfordert eine weitere „Nebenbuchhaltung". Der WZ weist ja keine zeitbezogenen Werte aus, sondern zählt die kWh einfach immer weiter. Ich muss mir also immer zum Monatswechsel den Zählerstand (hier: Position 1.1.8) irgendwo notieren. Durch Subtraktion mit dem Stand zum vorherigen Monatswechsel erhalte ich die Bezugsmenge im entsprechenden Monat. (Beispiel: Stand zum Monatswechsel Dezember/Januar: 1.037,5 kWh, zum Monatswechsel November/Dezember 745,9 kWh. Die Differenz ergibt 291,6 kWh Netzbezug im Monat Dezember). Dabei muss man aber nicht die Werte genau um Mitternacht ablesen. Es reicht sicherlich, dies am Abend des Monatsletzten oder am Morgen des Monatsersten zu tun. Diese leichten Unschärfen von einigen wenigen kWh gleichen sich im Laufe der Zeit sowieso wieder aus. Um dafür die Tabelle nicht unnötig weiter „aufzublähen", nutze ich auf meinem Handy und Tablet eine Stromzähler- App, von denen es jede Menge kostenlos bei Google Play bzw. im App Store gibt. Auffällig ist auch hier wieder die Diskrepanz zwischen den Werten von App und WZ.

- WR kWh Erzeugung, App kWh Erzeugung und SE Prognose Erzeugung

Die Menge der im Monat erzeugten Strommenge entnehme ich hier direkt der App/Internetseite des Wechselrichters und der sonnenApp. Interessanterweise sind diese Werte aus der sonnenApp höher als die wohl eher zutreffenden des WR. Zusätzlich interessiert mich natürlich, inwiefern die tatsächlichen Produktionswerte den im ursprünglichen Angebot prognostizierten Monatsmengen entsprechen. Hierzu habe ich seinerzeit einen sogenannten Designer Bericht von SolarEdge erhalten. Hier besteht durchaus noch Steigerungsbedarf.

- Prozent Eigenverbrauch (App), WZ Eigenverbrauch und App kWh Eigenverbrauch

Die App gibt an, wieviel Prozent der von ihr ermittelten Erzeugung Eigenverbrauch war. Den Eigenverbrauch laut WZ berechne ich, indem ich von der laut WR erzeugten Strommenge die nach dem WZ eingespeiste Strommenge abziehe. Der Eigenverbrauch laut App in kWh ergibt sich aus dem Prozentsatz an der Erzeugung nach der App. Diese Werte liegen erstaunlich dicht beieinander.

- Prozent Netzeinspeisung (App), Einspeisung WZ und App kWh Netzeinspeisung

Die App gibt auch an, wieviel Prozent der von ihr ermittelten Erzeugung ins Netz eingespeist wurde. Anhand dieses Prozentsatzes berechne ich die Netzeinspeisung laut App in kWh. Dazwischen trage ich die laut WZ eingespeiste Strommenge ein. Wie beim Netzbezug muss ich mir immer zum Monatswechsel den Zählerstand (hier: Position 2.1.8) irgendwo notieren. Durch Subtraktion mit dem Stand zum vorherigen Monatswechsel erhalte ich die aus der PVA eingespeiste Strommenge im entsprechenden Monat. Auch hier sind die Werte von der App nahezu identisch mit den vom WZ gemessenen.

Besonders in den ersten Jahren, aber auch danach ist ein monatliches „Controlling" der Werte interessant. Wenn die ersten Jahreswerte vorliegen, sind die älteren Monatswerte nicht mehr so wichtig. Deshalb habe ich mich hier auf 36 Kalendermonate beschränkt. Später werde ich hier die Werte des ältesten Kalenderjahres löschen und die übrigen Werte nach oben ziehen. So hat man die letzten beiden Jahre und das aktuelle hier „im Blick". Wer möchte, kann die Tabelle natürlich auch weiterführen, indem er die Spalten B bis R einfach weiter nach unten „zieht". Lediglich die Jahreszahlen müssten dann ergänzt werden und die Datenbereiche der Diagramme angepasst/geändert werden.

Apropos Diagramme: Um die Unterschiede in den einzelnen Werten zu visualisieren, habe ich noch aus den Tabellenwerten – getrennt nach Gesamtverbrauch, Erzeugung, Netzbezug, Eigenverbrauch und Einspeisung – Diagramme erstellt. Hier zum Beispiel das für den Bereich Gesamtverbrauch:

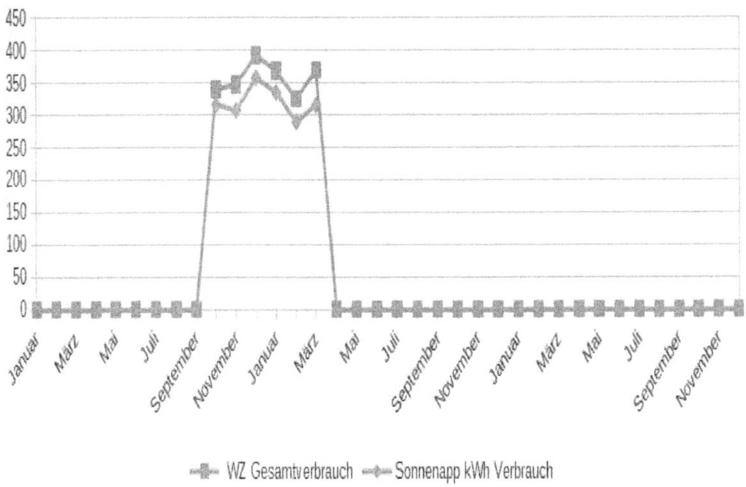

F11. Jahreswerte

Im Prinzip hat diese Tabelle den selben Aufbau wie die der Monatswerte, nur beziehen sich die Werte eben auf das ganze Jahr. Idealerweise sollten sie der Summe der Monatswerte für das Kalenderjahr entsprechen. Für das Jahr liegt nun aber immer auch eine Rechnung von sonnen vor. Aus dieser ergibt sich auch der in Rechnung gestellte Netzbezug, den ich mit einer zusätzlichen Spalte in die Tabelle eingebaut habe. Hierbei ist mir wichtig, dass der berechnete Netzbezug dem Netzbezug laut WZ entspricht. Sollte die Jahresrechnung einen höheren

Netzbezug ausweisen als der WZ, wäre das eine dezente Nachfrage beim Stromlieferanten wert.

		Sonnenapp	App		App		App				
Jahr	WZ Gesamtverbrauch	kWh Verbrauch	Prozent Autarkie	kWh Autarkie	Prozent Netzbezug	WZ kWh Netzbezug	App kWh Netzbezug	Rechnung kWh Netzbezug	WR kWh Erzeugung	App kWh Erzeugung	SE Prognose Erzeugung
2020	1081,64	999	24	239,76	76	796	759,24	796	338,44	346	479,56
2021	4632,3	4300	73	3139	27	1161	1161		6090	6090	6090
2022	0			0			0				6090
2023	0			0			0				6090
2024	0			0			0				6090
2025	0			0			0				6090
2026	0			0			0				6090
2027	0			0			0				6090
2028	0			0			0				6090
2029	0			0			0				6090
2030	0			0			0				6090
2031	0			0			0				6090
2032	0			0			0				6090
2033	0			0			0				6090
2034	0			0			0				6090
2035	0			0			0				6090
2036	0			0			0				6090
2037	0			0			0				6090
2038	0			0			0				6090
2039	0			0			0				6090
2040	0			0			0				6090
2041	0			0			0				6090
2042	0			0			0				6090
2043	0			0			0				6090
2044	0			0			0				6090
2045							0				6090

App Prozent Eigenverbrauch	WZ Eigenverbrauch	App kWh Eigenverbrauch	App Prozent Netzeinspeisung	Einspeisung WZ	App kWh Netzeinspeisung	Jahr
83	285,64	287,18	17	52,8	58,82	2020
57	3471,3	3471,3	43	2618,7	2618,7	2021
	0	0			0	2022
	0	0			0	2023
	0	0			0	2024
	0	0			0	2025
	0	0			0	2026
	0	0			0	2027
	0	0			0	2028
	0	0			0	2029
	0	0			0	2030
	0	0			0	2031
	0	0			0	2032
	0	0			0	2033
	0	0			0	2034
	0	0			0	2035
	0	0			0	2036
	0	0			0	2037
	0	0			0	2038
	0	0			0	2039
	0	0			0	2040
	0	0			0	2041
	0	0			0	2042
	0	0			0	2043
	0	0			0	2044
	0	0			0	2045

Auch in dieser Tabelle habe ich für die einzelnen Bereiche wieder Diagramme erstellt, hier aber als Säulendiagramme. Hier als Beispiel das für den Bereich Erzeugung:

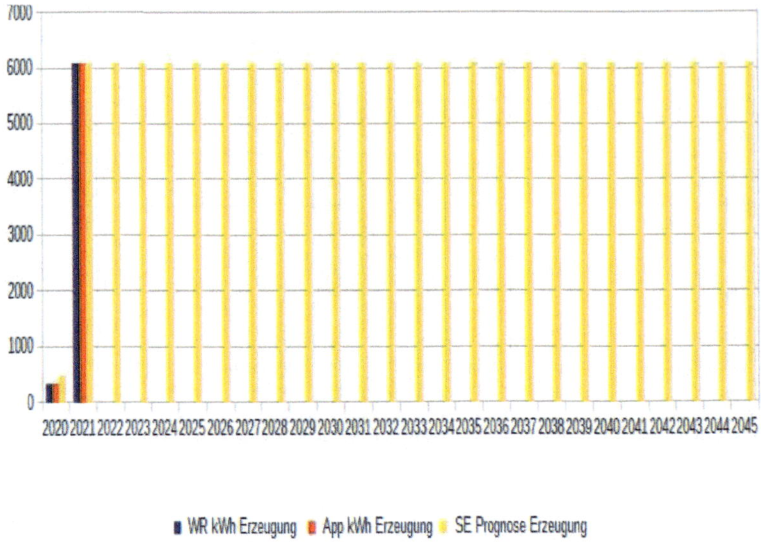

F12. Vergleich sonnenFlat und Einspeisevergütung

Im ersten Tabellenblatt hatte ich bereits einen groben prognostizierenden Vergleich der verbleibenden Strombezugskosten zwischen Einspeisevergütung und sonnenFlat vorgenommen. Die Inanspruchnahme der sonnenFlat ist ja aber nicht für alle Ewigkeit in Zement gemeißelt. Sie ist monatlich kündbar. Um regelmäßig zu überprüfen, ob die Auszahlung der Einspeisevergütung nicht vielleicht doch die bessere Alternative wäre, habe ich in dieser Tabelle den Vergleich mit einem ansonsten notwendigen zusätzlichen Stromlieferungsvertrag vorgenommen. Die Kosten eines alternativen Strombezuges ist hier anders zu sehen als bei dem „Wirtschaftlichkeitsprotokoll Privat". Durch die relative geringe Strommenge für den noch verbleibenden Netzbezug ergeben sich in den Internet- Vergleichsportalen durchaus andere empfohlene Stromtarife als bei einer Vollversorgung aus dem Netz.

Die USt für den Eigenverbrauch ist bei beiden Szenarien gleich. Bei der sonnenFlat fällt jedoch zusätzlich die USt aus den Einnahmen von sonnen an (Zeile 38 der Umsatzsteuererklärung), solange die Regelbesteuerung für die USt greift.

Kosten bei sonnenFlat

	Netzbezug Oberhalb Freistrommenge	Umsatzsteuer aus Einnahmen sonnen (nicht bei KUR)	Ertrag aus Netzdienstleistungen (Rechnung Ziffer 2)	Kosten gesamt
2020	119,79 €	7,20 €	-14,79 €	112,20 €
2021		40,28 €		40,28 €
2022		0,00 €		0,00 €
2023		0,00 €		0,00 €
2024		0,00 €		0,00 €
2025		0,00 €		0,00 €
2026		0,00 €		0,00 €
2027				0,00 €
2028				0,00 €
2029				0,00 €
2030				0,00 €
2031				0,00 €
2032				0,00 €
2033				0,00 €
2034				0,00 €
2035				0,00 €
2036				0,00 €
2037				0,00 €
2038				0,00 €
2039				0,00 €
2040				0,00 €
2041				0,00 €
2042				0,00 €
2043				0,00 €
2044				0,00 €

Kosten bei Einspeisevergütung

	Einspeisung kWh	Vergütung je KwH	Einspeisevergütung	Netzbezug kWh (Rechnung Ziffer 1.1)	Grundgebühr alternativer Stromtarif	Anzahl Tage für Grundgebühr (365 für ganzes Jahr)	Arbeitspreis je kWh alternativer Stromtarif	Kosten alternativer Netzbezug	Kosten gesamt	Saldo Einspeisung – sonnenFlat
2020	52,8	0,0877	4,63 €	796	98,55	72	0,2673	232,21 €	227,58 €	115,38 €
2021								0,00 €	0,00 €	-40,28 €
2022								0,00 €	0,00 €	0,00 €
2023								0,00 €	0,00 €	0,00 €
2024								0,00 €	0,00 €	0,00 €
2025								0,00 €	0,00 €	0,00 €
2026								0,00 €	0,00 €	0,00 €
2027								0,00 €	0,00 €	0,00 €
2028								0,00 €	0,00 €	0,00 €
2029								0,00 €	0,00 €	0,00 €
2030								0,00 €	0,00 €	0,00 €
2031								0,00 €	0,00 €	0,00 €
2032								0,00 €	0,00 €	0,00 €
2033								0,00 €	0,00 €	0,00 €
2034								0,00 €	0,00 €	0,00 €
2035								0,00 €	0,00 €	0,00 €
2036								0,00 €	0,00 €	0,00 €
2037								0,00 €	0,00 €	0,00 €
2038								0,00 €	0,00 €	0,00 €
2039								0,00 €	0,00 €	0,00 €
2040								0,00 €	0,00 €	0,00 €
2041								0,00 €	0,00 €	0,00 €
2042								0,00 €	0,00 €	0,00 €
2043								0,00 €	0,00 €	0,00 €
2044								0,00 €	0,00 €	0,00 €

Die bisherigen Zahlen sind sicherlich noch nicht aussagekräftig. Es konnten hier ja im ersten Jahr nur knapp 10 Wochen, noch dazu im Winter, berücksichtigt werden. Spannend wird es, wenn das erste volle Kalenderjahr zugrunde gelegt werden kann.

F13. Ausfüllhilfe EÜR FA Bayern und Stromverbrauch im Jahresverlauf

Die Ausfüllhilfe habe ich nur zu Information als Bild im Tabellenblatt hinterlegt. Die Angaben dort sind eine gute erste

Orientierungshilfe, aber leider hinsichtlich der genannten Eingabezeilen nicht immer aktuell.

In der Tabelle Stromverbrauch im Jahresverlauf sind Prozentsätze hinterlegt, wie sich laut Statistik der Jahrestromverbrauch auf die einzelnen Monate verteilt. Durch Eingabe des Jahresstromverbrauches erhält man hier die für die einzelnen Monate zu erwartenden Stromverbrauchsmengen.

Stromverbrauchsrechner
Berechnen Sie Ihren persönlichen Stromverbrauch im Jahresverlauf (Prozentsätze: https://www.musterhaushalt.de/durchschnitt/stromverbrauch/)

Jahresverbrauch in kWh:		4.300	
1.	Januar	400,76	9,32 %
2.	Februar	368,51	8,57 %
3.	März	383,56	8,92 %
4.	April	346,58	8,06 %
5.	Mai	336,69	7,83 %
6.	Juni	325,08	7,56 %
7.	Juli	334,11	7,77 %
8.	August	327,23	7,61 %
9.	September	340,56	7,92 %
10.	Oktober	366,36	8,52 %
11.	November	381,84	8,88 %
12.	Dezember	388,72	9,04 %
Ø	pro Monat	358,19	8,33 %

Das war es mit meinen persönlichen Tabellenkalkulationen. Für mich sind dies sie wichtigsten und interessantesten Daten, die ich für die PVA- Analyse und das Finanzamt benötige. Sollten Sie als Käufer dieses Buches Interesse an den Tabellen haben, so senden Sie mir doch eine E-Mail an: petersonnenzar(at)gmail.com. Ich melde mich dann bei Ihnen.

G. Der Zuschuss von der ILB

Wie bereits in Kapitel C6. erwähnt, habe ich am 23. Juni 2020 – zunächst auf dem Angebot des Online-Anbieters basierend – einen Förderantrag gestellt. Der gesamte Ablauf der Antragstellung und der Kommunikation mit der ILB erfolgt internetbasiert. Unterlagen müssen also ggf. eingescannt und hochgeladen werden.

G1. Die Voraussetzungen

Das Land Brandenburg hat mit dem Kleinspeicher-Programm Investitionen in Anlagen zur Speicherung von elektrischer Energie (Stromspeichersysteme) gefördert. Fördergegenstand war die Beschaffung und die Installation eines Stromspeichers (auch Hybridspeicher) ab einer Nutzkapazität von 2,0 kWh sowie des zugehörigen (Hybrid-)Wechselrichters und die Herstellung der technischen Voraussetzungen des Datenmonitorings.

Zur Förderung konnten alle Ausgaben für die Beschaffung und Installation eines Stromspeichers mit zugehörigem Wechselrichter sowie für die Herstellung der technischen Voraussetzungen des Datenmonitorings beantragt werden. Im Falle eines Hybridspeichers sind die Ausgaben je Komponente (Speicher und Wechselrichter) im Antrag separat anzugeben. Da ich auch keine Ahnung hatte, was das ist, hier eine Definition aus dem Internet: „Während Sie sich üblicherweise für den Netz- oder den Inselbetrieb ihrer Hausanlage entscheiden müssen, bekommen Sie mit einem Hybrid-Stromspeicher beides. Ist ausreichend Energie vorhanden, trennen diese die Anlage vom Netz, um viel Strom im Haus zu behalten. Sind solare Erträge und eingespeicherte Energiemengen knapp, kommt Strom aus dem Netz hinzu. Vorteil dieser Systeme ist ein maximaler Eigenstromverbrauch. Sie verbrauchen nur im Notfall elektrische Energie aus dem Netz, sparen CO2 und bezahlen weniger für ihren Strom.“ „https://heizung.de/solartechnik/wissen/hybridspeicher-arten-und-bedeutung/“ Wir haben jedenfalls keinen Hybridspeicher.

Ausgaben für einen Hybridwechselrichter waren aufgrund seiner Funktionen nur zu 50 % zuwendungsfähig. Zusätzlich zur Einbindung des Speichers ins Gebäudestromnetz kann der Hybridwechselrichter auch den Gleichstrom aus den Solarmodulen in Wechselstrom zur direkten Einspeisung ins öffentliche Stromnetz umwandeln. Letzteres war nicht förderrelevant.

Das Land Brandenburg bezuschusste mit dem Kleinspeicher-Programm Maßnahmen mit einem Betrag in Höhe von bis zu 30 Prozent der zuwendungsfähigen Nettoausgaben, maximal jedoch mit 3.000 Euro.

Die Höhe des Zuschusses richtete sich nach dem Eigenverbrauchsanteil (= Anteil des selbstgenutzten Stroms bezogen auf den Jahresertrag der Photovoltaik-Anlage):

Eigenverbrauchs-anteil (mindestens)	Förderanteil der zuwendungsfähigen Ausgaben	Förderhöchstbetrag je Antrag
30 %	10 %	1.000 EUR
40 %	20 %	2.000 EUR
50 %	30 %	3.000 EUR

Der Zuschuss wurde nach dem Erstattungsprinzip ausgezahlt, im Falle einer Förderung wurden die Fördermittel ausgezahlt, nachdem alle Rechnungen zur Fördermaßnahme bezahlt und diese bei der ILB eingereicht wurden.

G2. Die Antragstellung

Wie bereits erwähnt habe ich den Antrag am 23. Juni 2020 online gestellt. Mit dem Antrag habe ich das vorliegende Angebot, Kopien der Personalausweise von meiner Frau und mir, sowie die „Einverständniserklärung des Miteigentümers zur baulichen Änderung" in das Kundenportal hochgeladen. Es ist dabei kein Problem, dass man später ein anderes Angebot wahrnimmt und sich die im Antrag genannten Werte und Preise noch ändern. Bei der Antragstellung geht es erst einmal um den Anspruch auf Förderung dem Grunde nach, nicht der Höhe nach. Die Einverständniserklärung des Miteigentümers ist notwendig, da ich die PVA ja aus steuerlicher Sicht als Einzelunternehmen führe, weil ich als Einzelperson zivilrechtlicher Vertragspartner des Einspeisevertrages bin (vgl. Kapitel F4.). Haus und Grundstück gehören jedoch meiner Frau und mir gemeinsam. Zwar noch nicht unbedingt für den Antrag, aber spätestens bei der Einreichung der Rechnung und der Zahlungsnachweise muss der Preis für den Kleinspeicher explizit ausgewiesen sein. Achten Sie bei der Beauftragung des Installateurs oder spätestens bei der Rechnungsstellung darauf. Ansonsten muss man dies – wie ich – noch nachfordern, was eine gewisse zeitliche Verzögerung bedeuten kann.

Innerhalb weniger Minuten erhält man eine E-Mail, dass der Status des Antrags xxxxx sich verändert habe. Der neue Status sei: In Bearbeitung durch zuständige Stelle.

Nochmals eine Minute später: „Es liegt eine neue Nachricht zum Antrag xxxxx in der Postbox des ILB-Kundenportals für Sie vor. Zum Einsehen und Bearbeiten der Nachricht melden Sie sich bitte unter https://kundenportal.ilb.de im ILB-Kundenportal an."

Die Nachrichten selbst werden also auch nur im Kundenportal abgelegt. Bei der Nachricht handelte es sich übrigens um die Eingangsbestätigung für den Antrag. Damit war ich wohl auf der sicheren Seite, noch zu den maximal 500 förderungsfähigen Anträgen zu zählen.

Hier die Seiten zwei bis fünf meines Antrages (Seite eins beinhaltet nur persönliche Daten und Seite sechs datenschutzrechtliche Hinweise):

1.4 Kontoverbindung

*IBAN

[redacted]

BIC

Kreditinstitut

[redacted]

*Kontoinhaber

[redacted]

Weitere Angaben

2 Angaben zur Maßnahme

2.1 Art der Maßnahme

Investitionen in ein Stromspeichersystem

2.2 Kurzbezeichnung der Maßnahme

Investition in ein Stromspeichersystem zur Speicherung von eigenerzeugtem Solarstrom für den Eigenverbrauch

2.3 Maßnahmeort

*Straße und Hausnummer	*PLZ	*Ort
[redacted]	[redacted]	[redacted]

Land	Bundesland
Deutschland	Brandenburg

2.4 Zeitliche Durchführung der Maßnahme (Durchführungszeitraum)

*Beginn Durchführungszeitraum	*Ende Durchführungszeitraum
01.08.2020	30.10.2020

Hinweise: Mit der Maßnahme darf **nach** Antragseingang bei der ILB auf eigenes Risiko begonnen werden. Beginn des Durchführungszeitraumes ist die erste Bestellung bzw. die erste Auftragsbestätigung gegenüber einem Installateur/Unternehmen, welcher/welches das Stromspeichersystem einbauen soll. Die Maßnahme muss innerhalb von 12 Monaten nach dem Datum des Zuwendungsbescheides abgeschlossen sein. Tragen Sie bitte als Beginn und Ende der Maßnahme Ihre Angaben nach aktuellem Planungsstand ein.

2.5 Lieferung und Leistung bei Verflechtungen

Ist die Vergabe von Aufträgen an verflochtene Dritte geplant?

☐ • Ja

☒ • Nein

Verflechtungen können sowohl rechtlich und wirtschaftlich, als auch personell oder organisatorisch vorliegen. Für den Begriff der wirtschaftlichen und rechtlichen Verflechtung ist Artikel 3 des Anhangs der Empfehlung der Europäischen Kommission zur KMU-Definition vom 06.05.2003 (ABl. Nr. L 124 vom 20.05.2003, Seite 36 ff.) maßgeblich. Das Merkblatt „KMU-Definition der EU" ist auf www.ilb.de verfügbar. Die personelle Verflechtung lässt sich anhand der in § 15 Abgabenordnung verankerten Definition zu

Angehörigen bestimmen. Eine organisatorische Verflechtung liegt vor, wenn eine natürliche oder juristische Person oder eine Gruppe dieser Personen sowohl zum Auftraggeber als auch Auftragnehmer gesellschaftsrechtlich oder aufgrund von Rechtsverhältnissen, die das Erbringen von Tätigkeiten zum Gegenstand haben, verbunden ist und die Entscheidung über die Auftragserteilung zumindest eines von ihnen beeinflussen kann.

2.6 Inanspruchnahme weiterer öffentlicher Mittel für die Durchführung der Maßnahme

Zur Finanzierung der Maßnahme wurden oder werden weitere öffentliche Mittel bei der ILB oder anderen Stellen beantragt bzw. wurden von der ILB oder anderen Stellen gewährt.

☒ • nein

2.7 Eigenverbrauchsanteil

Der Eigenverbrauchsanteil (prozentuale Größe, die den Solarstromverbrauch, bezogen auf den erzeugten Strom aus der eigenen Photovoltaik-Anlage eines Kalenderjahres, angibt) liegt bei <u>mindestens</u>

☒ • 50%

☐ • 40%

☐ • 30%

2.8 Autarkiegrad

☒ • Der Autarkiegrad liegt bei mindestens 50% (eigenverbrauchter PV-Strom/jährlicher Stromverbrauch im Jahr).

2.9 Angaben zum Stromspeichersystem

Bei den geplanten Investitionen in ein Stromspeichersystem handelt es sich um Ausgaben für

☐ • die Beschaffung und die Installation eines Stromspeichers

☒ • die Beschaffung und die Installation eines Strompeichers mit Hybridwechselrichter

☐ • die Beschaffung und die Installation eines Hybridspeichers

2.10 Ausgaben

Hinweise:
Tragen Sie in den Ausgabenplan bitte ausschließlich die **Nettoausgaben** (ohne Mehrwertsteuer) Ihres Speichersystems ein.

Sollte das System einen **Hybridwechselrichter** beinhalten, muss das Angebot und später auch die Rechnung diese Komponente(n) **explizit ausweisen**. Gleiches gilt bei der Beantragung eines Hybridspeichers. Auch hier sind die einzelnen Ausgabekomponenten in der Abrechnung zu separieren.

Sofern Sie einen Hybridwechselrichter installieren lassen, tragen Sie dessen Ausgaben bitte in die Zeile Wechselrichter ein.
Die Ausgaben für einen Hybridwechselrichter sind nur zu 50 % zuwendungsfähig.

Darüber hinaus werden folgende Ausgaben nicht gefördert und können damit nicht zur Förderung beantragt werden:

- Ausgaben für PV-Anlage und PV-Wechselrichter,
- Ausgaben für Reparatur- und/oder Ersatzteilbeschaffung,
- Betriebs- und Wartungskosten,
- Eigenleistungen und Ausgaben für gebrauchte Komponenten,
- Ausgaben für Garantieverlängerungen,

- Barzahlungen,
- Lieferungen und Leistungen von verflochtenen Dritten.

Ausgaben (netto)	beantragt in EUR	zuwendungsfähig in EUR	nicht zuwendungsfähig in EUR
Investitionen in ein Stromspeichersystem	4.756,00	4.756,00	0,00
Wechselrichter	2.300,00	1.150,00	1.150,00
Summe	7.056,00	5.906,00	1.150,00
Gesamtausgaben		7.056,00	

2.11 Finanzierung

Hinweis: Die Summe der Finanzierungsmittel muss der Summe der Ausgaben entsprechen.

Finanzierungsmittel	zuwendungsfähig in EUR	nicht zuwendungsfähig in EUR	Summe in EUR
Zuschuss	1.771,80	0,00	1.771,80
Eigenmittel	4.134,20	1.150,00	5.284,20
Summe	5.906,00	1.150,00	7.056,00
Gesamtfinanzierung		7.056,00	

2.12 Beantragte Zuwendung

Zuwendung	Höhe (EUR)
Zuschuss	1.771,80

3 Erklärungen des Antragstellers

(Die Erklärungen müssen durch Anklicken bestätigt werden.)

Der Antragsteller erklärt, dass

3.1 nicht vor Antragseingang bei der ILB mit der Maßnahme begonnen wurde,
(Hinweis: Als Maßnahmebeginn ist grundsätzlich jeder Abschluss eines der Ausführung zuzurechnenden Lieferungs- oder Leistungsvertrages zu werten. Mit der Maßnahme darf nach Antragseingang bei der ILB auf eigenes Risiko begonnen werden. Die Maßnahme muss innerhalb von 12 Monaten nach dem Datum des Zuwendungsbescheides abgeschlossen sein.)

3.2 die Angaben in diesem Antrag und den beigefügten Anlagen (einschließlich Antragsunterlagen) vollständig und richtig sind,

3.3 ihm bekannt ist, dass
- die Gewährung einer öffentlichen Zuwendung gemäß LHO Brandenburg unter der Maßgabe der wirtschaftlichen und sparsamen Mittelverwendung erfolgt und Aufträge nur an fachkundige und leistungsfähige Anbieter nach wettbewerblichen Gesichtspunkten zu wirtschaftlichen Bedingungen zu vergeben sind.

3.4 innerhalb der letzten 5 Jahre vor Antragstellung keine Stromspeicherförderung des Landes Brandenburg in Anspruch genommen wurde.

3.5 sich das Grundstück mit dem Wohngebäude im **Eigentum** des Antragstellers befindet/befinden wird.

3.6 das Wohngebäude durch den Antragsteller **selbst und ausschließlich zu eigenen Wohnzwecken genutzt** wird.
(Hinweis: Unschädlich ist die dienstliche Nutzung bei der Ausübung unselbstständiger Tätigkeiten wie z. B. als Lehrer oder Telearbeit von Angestellten.)

3.7 alle zur Durchführung der Maßnahme erforderlichen öffentlichen Genehmigungen sowie zum Errichten und Betreiben notwendigen Verträge (Netzanschlusszusage etc.) erteilt wurden bzw. beantragt sind.
(Hinweis: Das gilt ebenso für Gutachten, die gesetzlich für die Förderung notwendig sind.)

3.8 die Maßnahme nicht gesetzlich vorgeschrieben ist und/oder behördlich angeordnet wurde.

3.9 der dauerhafte Betrieb des Stromspeichersystems unter Berücksichtigung der Förderung über den Zeitraum der Zweckbindungsfrist gesichert ist.
(Hinweis: Die Zweckbindungsfrist beträgt 5 Jahre und beginnt mit der Auszahlung des Zuschusses.)

☒ • Der Antragsteller bestätigt die Abgabe der Erklärungen zu Ziffer 3.1 bis 3.9.

3.10 ☒ • Der Antragsteller erklärt, dass unter Berücksichtigung der beantragten Zuwendung die Gesamtfinanzierung der Maßnahme gesichert ist.

Der Antragsteller erklärt, dass

3.11 ihm bekannt ist, dass
- die Leistung der Netzeinspeisung des mit dem Stromspeicher verknüpften Solargenerators nicht mehr als 50 % der Nennleistung dieses Solargenerators unter Standardtestbedingungen (STC) betragen darf.
- der Stromspeicher über eine Nutzkapazität von mindestens 2,0 kWh verfügen muss und dauerhaft mit einer Photovoltaik-Anlage zu koppeln ist.
- durch die Auslegung sowie anschließende Installation eines Stromspeichers/Stromspeichersystems der Eigenverbrauchsanteil bei mindestens 30% der Jahressolarstromerzeugung und der Autarkiegrad bei mindestens 50% des Jahresstromverbrauchs liegen muss.
- ein prognosebasiertes Speichermanagementsystem im Sinne der Nr. 2.4 der Förderrichtlinie eingesetzt wird. Die Ladung des Stromspeichers ist auf eine Reduzierung von Abregelungsverlusten zu optimieren.

☒ • Der Antragsteller bestätigt die Abgabe der Erklärungen zu Ziffer 3.11.

4 Datenschutzrechtlicher Hinweis

Im Rahmen der Antragstellung und Antragsbearbeitung wird die ILB personenbezogene Daten erheben und verarbeiten. Die Datenverarbeitung erfolgt nur im zwingend erforderlichen Rahmen, ist zweckbezogen und wesentliche Voraussetzung für die Bearbeitung des Antrags.

Eine detaillierte Information über die Verarbeitung Ihrer personenbezogenen Daten und die Ihnen nach den datenschutzrechtlichen Regelungen zustehenden Ansprüche und Rechte gemäß Art. 13, 14 und 21 Datenschutz-Grundverordnung (DS-GVO) finden Sie im Informationsblatt Datenschutz.

Wie Sie dem Antrag entnehmen können, habe ich mangels besseren Wissens den Durchführungszeitraum recht kurz gefasst. Ich bin davon ausgegangen, dass man vielleicht die

Auszahlung nicht vor Ende des Zeitraums beantragen kann. Unter 2.9 des Antrags habe ich ferner einen Stromspeicher mit Hybridwechselrichter angegeben. Auch das traf letztendlich nicht zu. Das macht aber nichts. Wie wir gleich sehen werden, kann man später noch Änderungsanträge einreichen.

So fortschrittlich die digitalisierte Antragstellung auch ist, sie hat auch ihre Tücken. Wenn man im Kundenprtal eine Nachricht an die ILB schreibt und Anlagen hochlädt, muss man den Vorgang zunächst einmal mit einem Button prüfen lassen und anschließend speichern. Dann kommt man wieder auf die Übersichtsseite „Formular-/Unterlagenübersicht". Dort steht dann als Status der Nachricht, die man gerade geschrieben hat, „in Bearbeitung". Dies hat mich zu Beginn dazu verleitet, davon auszugehen, dass die ILB dies bereits in der Bearbeitung hat. Erst ein paar Tage später ist mir aufgefallen, dass damit noch die Bearbeitung durch mich selbst gemeint ist. Erst mit Klicken auf den Button „Absenden" wird es in das Postfach der Sachbearbeitung bei der ILB verschickt. Erst mit dem Status „versendet" ist dies auch tatsächlich geschehen. Das sollte man unbedingt wissen und beachten!

Startseite | Benutzerleitfaden | Neuer Antrag | Meine Anträge | Postbox | Profilpflege | Änderung der Kundendaten

Willkommen [redacted]

Abmeld

Mitteilung an die ILB | Antrag [redacted]

Stammdaten

Ansprechpartner:	[redacted]	Kontaktdaten:	[redacted]
Antragsnummer:			
Förderprogrammgruppe:	00010394	Antragsstatus:	**VN geprüft**
Maßnahme:	**Investition in ein Stromspeichersystem zur Speicherung voneigenerzeugtem Solarstrom für den Eigenverbrauch**	Projektbeginn:	**01.07.2020**
Projektende:	**30.06.2021**	Ausgezahlter Betrag:	[redacted]

Formular-/Unterlagenübersicht

Gesamtgröße aller Dokumente: 114 / 40.000 KB

Formulare/Unterlagen

Dokumententitel	obligatorisch	Status	Freitext	Vorlage	Änderungsdatum	Name der Datei
Mitteilung an die ILB / Kontaktformular	⊕	in Bearbeitung			29.04.2021	Mitteilung an die ILB /
zusätzliche Unterlage hochladen		offen				

G3. Der Änderungsantrag

Am 04. August 2020 erhielt ich eine Nachricht von der ILB:

„Für die weitere Bearbeitung benötigen wir von Ihnen die Angabe eines korrekten Durchführungszeitraumes (Zeitraum: Beauftragung, Installation und Inbetriebnahme des Speichers).

Bitte geben Sie uns dafür einen konkreten Zeitraum (Beginn- und Enddatum im Format TT.MM.JJJJ) an. Wählen Sie bitte den Durchführungszeitraum großzügig und beachten Sie, dass die Richtlinie den Durchführungszeitraum auf 12 Monate nach Bewilligung der Fördermittel begrenzt.

Beispiel: Beginn der Maßnahme: 01.07.2020

Ende der Maßnahme: 30.06.2021

Eine Angabe September 2020 bis Oktober 2020 kann von unserem System nicht erkannt werden.

Des weiteren haben Sie bei der Beantragung der Förderung im Programm Kleinspeicher im Antrag unter 2.9 "Angabe zum Stromspeichersystem" die Beschaffung und die Installation eines Stromspeichers mit Hybridwechselrichter angekreuzt.

Um Ihren Antrag weiter bearbeiten zu können, handeln Sie bitte wie folgt:

Laut der Richtlinie Kleinspeicher-Programm sind alle Ausgaben für die Beschaffung und die Installation eines Stromspeichers, eines zugehörigen Speicherwechselrichters und die Herstellung der technischen Voraussetzung für das Datenmonitoring zuwendungsfähig/förderfähig.

Ausgaben für Hybridkomponenten (also Komponenten, die gleichzeitig dem Speicher und der PV-Anlage dienen) sind separat auszuweisen. Dabei sind Ausgaben für die Beschaffung und die Installation eines Hybridwechselrichters im Sinne 2.6 dieser Richtlinie (unabhängig von der Art des Speichers) zu 50% zuwendungsfähig/förderfähig.

Bitte übersenden Sie uns das detaillierte Angebot Ihres Installateurs zu Ihrem Speichersystem mit der separaten Darstellung aller Ausgabenpositionen der Hybridkomponenten Ihres Speichersystems. Angebote zu Förderanträgen, die die Ausgaben für die Hybridkomponenten/Hybridwechselrichter nicht einzeln aufgeschlüsselt zeigen, können nicht geprüft werden und sind damit laut Richtlinie des Ministeriums Punkt 6.4.2. und 6.4.3 nicht förderfähig. Ihr Antrag wäre dann abzulehnen.

Wir weisen Sie darauf hin, dass durch die separate Ausweisung der Ausgaben für Hybridkomponenten sich die zuwendungsfähigen Ausgaben verändern und sich Ihre beantragte Zuwendung eventuell vermindern kann.

Bitte reichen Sie das detaillierte Angebot bis zum 03.09.2020 über das Kundenportal, "Meine Anträge" mit der Funktion "Mitteilung an die ILB", als Dateianhang bei der ILB ein. Bitte achten Sie darauf, dass die Mitteilung zuerst gespeichert wird und dann versendet werden muss. Erst der Status "versendet" dokumentiert eine erfolgreiche Versendung.“

Die Angabe des Durchführungszeitraumes schien also doch nichts mit dem Auszahlungszeitpunkt zu tun zu haben. Also habe ich ihn größtmöglich ab dem Zeitpunkt der Auftragserteilung an meinen Installateur für zwölf Monate angegeben. Ob unser Speicher einen Hybridwechselrichter hat oder nicht habe ich bei meinem Installateur angefragt und gleichzeitig das Angebot mit explizit ausgewiesenen Kosten für den Speicher angefordert. Zwei Tage später kam die Antwort: „Anbei erhalten Sie das Angebot für Ihren ILB-Förderantrag mit dem dazugehörigen Datenblatt, aus dem hervorgeht, dass es sich um ein Speichersystem mit integriertem Wechselrichter für den Speicher handelt. Ein Hybridwechselrichter ist daher nicht notwendig.“

Man kann wie gesagt in dem Verfahren sogenannte Änderungsanträge stellen. Diese muss man allerdings ausnahmsweise zunächst ausfüllen, ausdrucken, unterschreiben, einscannen und als Anlage zu einer Nachricht an die ILB hochladen. Dieses habe ich noch am selben Tag getan und auch alle sonstigen angeforderten Unterlagen hochgeladen. In dem „Antrag auf Änderung von Angaben im Antragsformular“ kann man aber leider nicht die Höhe der Ausgaben, die Finanzierungskosten und die Höhe des beantragten Zuschusses ändern. Hierzu musste ich leider gesondert einen „Änderungsantrag zum Kleinspeicher-Programm“ anfordern, der mir noch am selben Tag zur Verfügung gestellt wurde. Hier die Änderungsanträge:

Antrag auf Änderung von Angaben im Antragsformular

Antragsnummer der Investitionsbank des Landes Brandenburg

[redacted]

Eingangsstempel der Investitionsbank des Landes Brandenburg

Investitionsbank des Landes Brandenburg
Postfach 60 08 07
14408 Potsdam

Hiermit wird die Änderung der Angaben im Antragsformular wie folgt beantragt:

Bitte geben Sie nachfolgend separat für jede Änderung

- die Ziffer gemäß Antragsformular (z. B. "1.1 Name/Unternehmensbezeichnung") und
- die Angabe in der neuen Fassung

an und begründen Sie die Notwendigkeit der Änderung.

1 Antragsteller

☒ keine Änderungen

2 Maßnahme

☐ keine Änderungen

Ziffer gemäß Antragsformular (z. B. "1.1 Name/Unternehmensbezeichnung")

2.4 Zeitliche Durchführung der Maßnahme (Durchführungszeitraum)

Angabe neu

*Beginn Durchführungszeitraum 01.07.2020
*Ende Durchführungszeitraum 30.06.2021

Begründung der Änderungen

Datum von Angebotserstellung bis zur spätesten Inbetriebnahme

Ziffer gemäß Antragsformular

2.9 Angaben zum Stromspeichersystem

Angabe neu

Bei den geplanten Investitionen in ein Stromspeichersystem handelt es sich um Ausgaben für
X * die Beschaffung und die Installation eines Stromspeichers

Begründung der Änderungen

Es handelt sich weder um einen Strompeicher mit Hybridwechselrichter noch um einen Hybridspeichers (vgl. Anlage Datenblatt und Mail [redacted])

Sonstige Bemerkungen

☐ keine Bemerkungen

Die geänderten Beträge befinden sich in der Anlage "20200806_Änderungsantrag_Kleinspeicher1"

Anlagen

☐ keine Anlagen

Bitte führen Sie nachfolgend die Anlagen auf. Übergeben Sie diese digital im Kundenportal an die ILB.

Anlagentitel

20200806_Änderungsantrag_Kleinspeicher1

Anlagentitel

AW_Speicher_kein_Hybrid

Anlagentitel

Datenblatt Sonnenbatterie 10

Anlagentitel

ILB Speicherangebot Sonnenbatterie 5,5

Das Dokument ist durch den Antragsteller rechtsverbindlich unterschrieben in Papierform bei der ILB einzureichen.

Stempel bzw. Siegel

Name

[redacted]

[redacted]

Unterschrift des Antragstellers

Investitionsbank des Landes Brandenburg
Energie/Netzwerke
Postfach 60 08 07
14408 Potsdam

Posteingang ILB

Änderungsantrag zum Kleinspeicher-Programm

Antragsteller: [redacted]
Antragsnummer ILB: [redacted]

2.6 Eigenverbrauchsanteil
Der Eigenverbrauchsanteil (prozentuale Größe, die den Solarstromverbrauch, bezogen auf den erzeugten Strom aus der eigenen Photovoltaik-Anlage eines Kalenderjahres, angibt) liegt bei mindestens

- [x] 50% Eigenverbrauchsanteil (30% Förderanteil zum Stromspeicher, max. 3.000 EUR)
- [ ] 40% Eigenverbrauchsanteil (20% Förderanteil zum Stromspeicher, max. 2.000 EUR)
- [ ] 30% Eigenverbrauchsanteil (10% Förderanteil zum Stromspeicher, max. 1.000 EUR)

2.8 Ausgaben
Hinweis: Die Umsatzsteuer ist nicht einzutragen. Der Hybridwechselrichter ist zur Hälfte zuwendungsfähig und zur anderen Hälfte nicht zuwendungsfähig.

Ausgaben (netto)	zuwendungsfähig in EUR	nicht zuwendungsgähig in EUR	Summe in EUR
Investitionen in ein Stromspeichersystem	7.099,00 (ohne Hybridwechselrichter)	X	7.099,00 (ohne Hybridwechselrichter)
Hybridwechselrichter	– (50% des Hybridwechselrichters)	– (50% des Hybridwechselrichters)	(100% des Hybridwechselrichters)
Summe	7.099,00		
Gesamtausgaben	7.099,00		

2.10 Beantragte Zuwendung
Der Zuschuss berechnet sich aus den zuwendungsfähigen Ausgaben für den Speicher multipliziert mit dem Förderanteil des jeweililgen Eigenverbrauchsanteils.
Zuschuss 2.129,70 EUR

> Beispiel: Ihr Eigenverbrauchsanteil liegt bei mindestens 40%. Daraus ergibt sich ein Förderanteil von 20%. Bei zuwendungsfähigen Speicherausgaben in Höhe von 8000 EUR errechnet sich der Zuschuss wie folgt: 8000 EUR x 0,2 = 1600 EUR Zuschuss (maximal jedoch 2000 EUR).

Datum, Unterschrift: 06.08.2020 [redacted]

80 Minuten später erhielt ich die Eingangsbestätigung und die Nachricht, dass nun alle Unterlagen für die weitere Bearbeitung vollständig seien.

G4. Der Zuwendungsbescheid

Nun hieß es mal wieder warten. Man sollte den Zuschuss zwar in der Gesamtkalkulation der PVA berücksichtigen, aber nicht auf das Geld kurzfristig angewiesen sein. Am 07. Oktober, also nach zwei Monaten, fragte ich mal nach dem Bearbeitungsstand. In der Antwort hieß es, man sei derzeit in der Bewilligungsphase der ab 22.06.2020 eingegangenen Anträge und die Bearbeitung erfolge in der Reihenfolge des Eingangs. Mein Antrag sei am 23.06.2020 eingegangen. Zur Erinnerung: Am 22.06. startete das aktuelle Förderprogramm. Sie waren also noch bei der Bearbeitung der am ersten Tag eingegangenen Anträge.

Am 14. November 2020 erhielt ich dann den Zuwendungsbescheid vom 12. November. Dieser bescheinigt uns unseren Anspruch dem Grunde nach, aber auch der Höhe nach, wenn es bei den bisher von uns gemachten Angaben und Kosten bleibt. Von einer Abbildung des Bescheides sehe ich hier ab.

G5. Der Verwendungsnachweis

Um den Zuschuss zu erhalten, musste ich den sogenannten Verwendungsnachweis ausfüllen, die Rechtsbehelfsverzichtserklärung unterschreiben, die Bestätigung des installierenden Unternehmens ausfüllen lassen (hat der Installateur am nächsten Werktag ausgefüllt zurück gemailt) und zusammen mit den Rechnungsbelegen und Zahlungsnachweisen einscannen und über das Kundenportal bei der ILB einreichen. Zusätzlich habe ich noch die Prognose des PV-Rechners der Energieagentur NRW als Nachweis des Autarkiegrades eingereicht.

Investitionsbank des Landes Brandenburg
Postfach 60 08 07
14408 Potsdam

Vorbemerkung:

Die ILB benötigt zur Prüfung Ihres Verwendungsnachweises alle Daten, die in diesem Formular abgefragt werden sowie alle erforderlichen Anlagen. Ziehen Sie ggf. Ihren Energieberater oder Fachbetrieb zu Rate.

Werden Daten nicht angegeben oder die Anlagen nicht eingereicht, führt dies zu Nachfragen und Verzögerungen in der Verwendungsnachweisprüfung. Eine Auszahlung von Fördermitteln findet erst nach erfolgreicher Prüfung des Verwendungsnachweises statt.

Verwendungsnachweis

Antragsnummer:

1 **Zuwendungsempfänger**

[redacted]

2 **Maßnahme**

Investition in ein Stromspeichersystem zur Speicherung von eigenerzeugtem Solarstrom für den Eigenverbrauch in [redacted]

3 **Zuwendungsbescheid**

Zuwendungsbescheid vom: 12. November 2020

Letzter Änderungsbescheid vom:

über eine Zuwendung in Höhe von 2 129,70 EUR

4 **Durchführungszeitraum**

gemäß Zuwendungsbescheid in der gültigen Fassung

01.07.2020	30.06.2021
Beginn	Ende

tatsächlich

02.07.2020	28.09.2020
Beginn (Datum Auftragsvergabe)	Ende (Datum Fertigstellung / Inbetriebnahme)

Hinweis: Achten Sie bitte darauf, bei Abweichungen im Durchführungszeitraum im Sachbericht eine Begründung dafür anzugeben.

5 Sachbericht

Im Sachbericht ist eine Darstellung der durchgeführten Maßnahme vorzunehmen, z. B. Erfolg und Auswirkungen der Maßnahme, etwaige Abweichungen von dem Bescheid zugrunde liegenden Planungen, Erläuterungen zu den wichtigsten Ausgaben- und Finanzierungspositionen des zahlenmäßigen Nachweises, Erläuterungen zur Notwendigkeit und Angemessenheit der geleisteten Arbeit (*Text, ggf. als Anlage*).

Die Investition und Installation eines Stromspeichersystems wurde erfolgreich abgeschlossen.

In den abgerechneten Ausgaben sind Lieferungen und Leistungen von verflochtenen Dritten enthalten: ☐ ja ☒ nein.

6 Eigenverbrauchsanteil

Der Eigenverbrauchsanteil berechnet sich aus folgenden Größen:

erzeugter PV-Strom im Jahr[1] 5.750 kWh

davon eigenverbrauchter PV-Strom im Jahr[2] 3.277,50 kWh

Der Eigenverbrauchsanteil (eigenverbrauchter PV-Strom/erzeugten PV-Strom im Jahr) beträgt mindestens

☒ 50% ☐ 40% ☐ 30%.

7 Autarkiegrad

Der Autarkiegrad berechnet sich aus folgenden Größen:

jährlicher Stromverbrauch[3] 4.100 kWh

davon Stromverbrauch aus PV-Anlage 3.000 kWh

☒ Der Autarkiegrad (eigenverbrauchter PV-Strom/jährlicher Stromverbrauch im Jahr) liegt bei mindestens 50 %.

8 Zahlenmäßiger Nachweis

8.1 Ausgaben

Ausgaben (lt. Zuwendungsbescheid)		
Bezeichnung Ausgabenpositionen	zuwendungsfähig in EUR	nicht zuwendungsfähig in EUR
Stromspeichersystem	7.099,-	—
—	—	—
Gesamtausgaben	7.099,-	

[1] Bei bereits bestehenden Photovoltaikanlagen ist die Auswertung der Datenüberwachungssoftware zur Photovoltaikanlage über einen 12-Monatszeitraum vor Installation des Stromspeichers maßgeblich. Wird die Photovoltaikanlage neu installiert, ist die Angabe aus der Simulationsbetrachtung des installierenden Unternehmens zur Photovoltaikanlage heranzuziehen.

[2] Maßgeblich ist die Simulationsbetrachtung zur Photovoltaikanlage inkl. Stromspeicher. Im Rahmen der Simulation werden sowohl der erzeugte Strom der Photovoltaikanlage als auch der Stromverbrauch (direkte Nutzung sowie Speichernutzung) pro Jahr für den Standort ermittelt.[3] Die Angabe entnehmen Sie bitte Ihrer letzten Jahresstromabrechnung. Bei einem Neubau sind die statistischen Durchschnittsdaten unter Berücksichtigung der aktuellen Haushaltsgröße heranzuziehen.

[3] Die Angabe entnehmen Sie bitte Ihrer letzten Jahresstromabrechnung. Bei einem Neubau sind die statistischen Durchschnittsdaten unter Berücksichtigung der aktuellen Haushaltsgröße heranzuziehen.

Hinweis: Tragen Sie hier die Nettoausgaben (ohne Mehrwertsteuer) ihres Speichersystems ein. Sollte das System einen Hybridwechselrichter beinhalten, muss die Rechnung diese Komponente(n) explizit ausweisen. Den Hybridwechselrichter tragen Sie bitte in die Zeile Wechselrichter ein.

Darüber hinaus sind folgende Ausgaben nicht abrechenbar:

- PV-Anlage und PV-Wechselrichter,
- Reparatur- und/oder Ersatzteilbeschaffung,
- Betriebs- und Wartungskosten,
- Eigenleistungen und gebrauchte Komponenten,
- Garantieverlängerungen,
- Barzahlungen.

Soweit Ihre Ausgaben zur Fördermaßnahme die bewilligten zuwendungsfähigen Ausgaben übersteigen (sogenannte Mehrausgaben), können die tatsächlichen Ausgaben maximal in Höhe der im Zuwendungsbescheid ausgewiesenen zuwendungsfähigen Ausgaben anerkannt werden. Mehrausgaben sind nicht zuwendungsfähig.

Ausgaben (lt. Abrechnung)		
Bezeichnung Ausgabenpositionen	zuwendungsfähig in EUR	nicht zuwendungsfähig in EUR
Stromspeichersystem	7.099,–	–
–	–	–
Gesamtausgaben	7.099,–	

8.2 Finanzierung

Hinweis: Die Summe der Finanzierungsmittel muss der Summe der Ausgaben entsprechen.

Finanzierung der Ausgaben (tatsächlich)		
Bezeichnung Finanzierungsmittel	zuwendungsfähig in EUR	nicht zuwendungsfähig in EUR
Zuschuss	2.129,70	
Eigenmittel	4.969,30	–
Summe	7.099,00	–
Gesamtfinanzierung	7.099,00	

9 Ermittlung des Fördermittelanspruchs

zuwendungsfähige Ausgaben	7.099,–	EUR
x Fördersatz	30	%
= **Fördermittelanspruch**	2.129,70	EUR

10 Mittelanforderung

Der ermittelte Auszahlungsanspruch (lt. Ziffer 9) soll auf die im Antragsformular angegebene Kontoverbindung überwiesen werden.

11 Verzicht auf die Inanspruchnahme von Fördermitteln[4]

Der Zuwendungsempfänger verzichtet unwiderruflich auf einen Teilbetrag der Zuwendung bzw. vollumfänglich auf die Zuwendung in Höhe von ___—___ EUR.

[4] Sofern kein Anspruch auf die volle Zuwendungshöhe gemäß aktuell gültigem Bescheid besteht, ist ein Verzicht auf den nicht in Anspruch nehmbaren Teilbetrag zu erklären.

12 **Aufbewahrungsort der Originalunterlagen**[5]

Alle mit der Förderung zusammenhängenden Originalunterlagen werden unter folgender Anschrift aufbewahrt:

Name: [redacted]

Straße: [redacted]

PLZ/Ort: [redacted]

13 **Bestätigung des installierenden Unternehmens**

Gemäß des Zuwendungsbescheides ist zum Verwendungsnachweis durch das ausführende Installationsunternehmen zu bestätigen, dass

- die Leistung der Netzeinspeisung des mit dem Stromspeicher verknüpften Solargenerators nicht mehr als 50 % der Nennleistung dieses Solargenerators unter Standardtestbedingungen (STC) beträgt.
- der Stromspeicher über eine Nutzkapazität von mindestens 2,0 kWh verfügt und dauerhaft mit einer Photovoltaikanlage gekoppelt ist.
- durch die Auslegung sowie anschließende Installation eines Stromspeichersystems der Eigenverbrauchsanteil bei mindestens 30 % der Jahressolarstromerzeugung und der Autarkiegrad bei mindestens 50 % des Jahresstromverbrauchs liegt.
- ein prognosebasiertes Speichermanagementsystem im Sinne der Nr. 2.4 der Förderrichtlinie eingesetzt und die Ladung des Stromspeichers auf eine Reduzierung von Abregelungsverlusten optimiert ist.

Die Bestätigung des installierenden Unternehmens liegt vor und ist beigefügt.

☒ ja

14 Erklärungen des Zuwendungsempfängers

(Die Erklärungen müssen durch ☒ bestätigt werden.)

☒ In Kenntnis der strafrechtlichen Bedeutung unvollständiger oder falscher Angaben wird erklärt, dass

- die Zuwendung ausschließlich zur Erfüllung des im Zuwendungs- bzw. Änderungsbescheid näher bezeichneten Zuwendungszwecks verwendet wurde,
- die Bedingungen und Auflagen eingehalten wurden,
- die Ausgaben notwendig waren,
- wirtschaftlich und sparsam verfahren worden ist,
- die Angaben im Verwendungsnachweis anhand der entsprechenden Originalverträge/Auftragsauslösungen, Originalrechnungen und Originalzahlungsnachweise jederzeit nachgewiesen werden können,
- die Angaben zu den Lieferungen und Leistungen bei Verflechtungen vollständig und richtig sind.

☒ Es ist bekannt, dass die Zuwendung im Falle ihrer zweckwidrigen Verwendung der Rückforderung und Verzinsung unterliegt.

15 Anlagen

(Dazugehörige Anlage(n) bitte durch ☒ kennzeichnen.)

☐ ggf. Sachbericht
☒ Rechnungsbelege und Zahlungsnachweise
☒ Bestätigung des installierenden Unternehmens
☒ Rechtsbehelfsverzichtserklärung
☒ Berechnung Eigenverbrauch / [illegible]

[redacted]

[redacted]

Anlage zum Verwendungsnachweis:

Bestätigung des installierenden Unternehmens zum Einbau eines Stromspeichers im Wohngebäude

Antragsnummer: [redacted]

Zuwendungsempfänger: [redacted]

Rechnung vom: 30.09.2020

Der Jahresertrag der Photovoltaikanlage beläuft sich auf 5750 kWh.

Es wird bestätigt, dass ausgehend vom Jahresertrag der Photovoltaikanlage der Eigenverbrauchsanteil bei mindestens

- ☒ 50 %
- ☐ 40 %
- ☐ 30 %

liegt und der Autarkiegrad mindestens 50 % des Jahresstromverbrauchs des Wohngebäudes beträgt.

Es wird ferner bestätigt, dass

- ☒ alle bzw. die deutlich markierten Rechnungspositionen ausschließlich der Beschaffung und Installation des Speichers gemäß Ziffer 6.4 der Kleinspeicher-Richtlinie zuzuordnen sind.
- ☒ die Leistung der Netzeinspeisung des mit dem Stromspeicher verknüpften Solargenerators nicht mehr als 50 Prozent der Nennleistung dieses Solargenerators unter Standard Testbedingungen (STC) beträgt.
- ☒ der Stromspeicher über eine Nutzkapazität von mindestens 2,0 kWh verfügt und dauerhaft mit einer PV-Anlage gekoppelt ist.
- ☒ ein prognosebasiertes Speichermanagementsystem im Sinne der Ziffer 2.4 der Kleinspeicher-Richtlinie eingesetzt wird. Die Ladung des Stromspeichers ist auf eine Reduzierung von Abregelungsverlusten optimiert.

16.11.2020

Ort, Datum

[redacted]

Unterschrift(en) des installierenden Unternehmens und - wenn vorhanden - Stempel

[redacted]

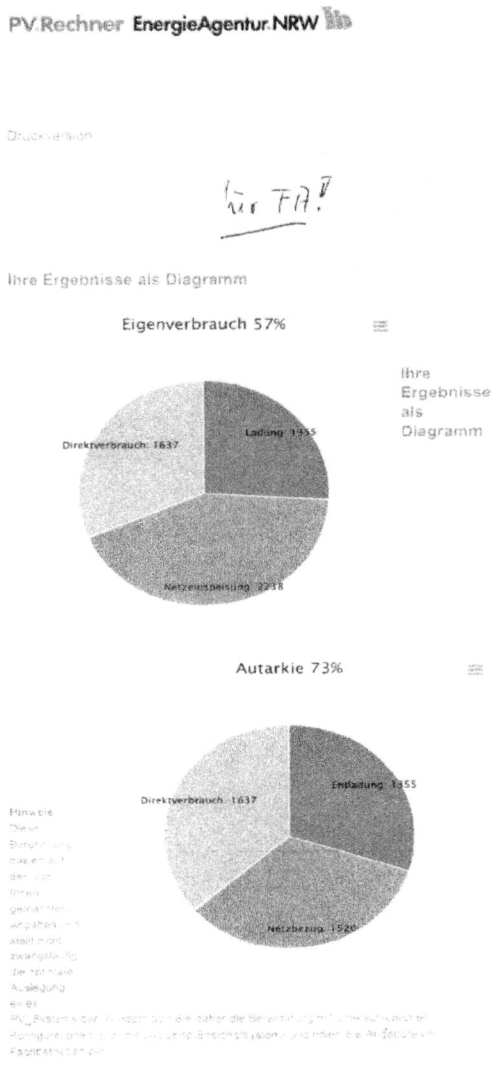

Am folgenden Tag erhielt ich wiederum die Eingangsbestätigung mit der Bitte um Verständnis, dass es derzeit aufgrund der Vielzahl von Anträgen zu Verzögerungen komme. Die ILB würde sich bei mir melden, falls noch weitere Unterlagen benötigt würden.

G6. Die Auszahlung

Was lange währt, wird endlich gut. Am 02. Februar 2021 erhielt ich das Auszahlungsschreiben der ILB. Am 05. Februar war das Geld auf dem Konto.

Besonders hingewiesen hat die ILB insbesondere auf die Zweckbindungsfrist bis zum 05.02.2026 und die Aufbewahrungsfrist aller mit der Förderung in Zusammenhang stehender Unterlagen bis zum 16.11. 2030.

H. Die Abtretung der Einspeisevergütung und die Umstellung auf die sonnenFlat

In diesem Kapitel werde ich schildern, wie sie Abtretung der Einspeisevergütung an sonnen und die Umstellung auf die sonnenFlat in der Praxis vor sich geht und welche Fragen mich dabei beschäftigten.

Mit welchen Konditionen ich die sonnenFlat abgeschlossen habe, habe ich ja bereits zuvor geschrieben. Gleichzeitig mit dem Vertragsabschluss am 25.08.2020 habe ich online eine Abtretungserklärung für sonnen unterschrieben, mit der ich meinen Anspruch auf die Einspeisevergütung gegenüber dem Netzbetreiber an sonnen abtrete. Hier der Wortlaut:

„Die sonnen eServices GmbH ermöglicht das Teilen des produzierten Stroms in der sonnenCommunity und übernimmt die gesamte Abwicklung von Belieferung, Einspeisung und Vergütung.

Mit dem vorliegenden Dokument trete ich, XX XXXX, den in meinen Anlagen produzierten Strom, einschließlich der mittels des erzeugten Stroms generierten Ansprüche, gegenüber dem Netzbetreiber an die sonnen eServices GmbH ab. sonnen eServices nimmt die Abtretung hiermit an. Der Eigenverbrauch ist von dieser Abtretung ausgeschlossen.

Nachfolgende Ansprüche des Kunden gegenüber dem Netzbetreiber sind von der Abtretung umfasst:

- Die Einspeisevergütung im Sinne des § 19 Abs. 1 Nr. 2 und 3 i.V.m. § 21 EEG (2017) für den von der / den Anlage(n) erzeugten und eingespeisten Strom.

- Die Marktprämie gemäß § 19 Abs. 1 Nr. 1 i.V.m. § 20 EEG (2017) für den von der / den Anlage(n) erzeugten und eingespeisten Strom, soweit die Anlage im Wege der Direktvermarktung vermarktet wird.

- Das Entgelt für dezentrale Einspeisung gemäß § 18 StromNEV für den in der / den Anlage(n) erzeugten und in das Netz des Netzbetreibers eingespeisten Strom; der Anspruch besteht nur, wenn und soweit die genannte(n) Anlage(n) im Wege der sonstigen Direktvermarktung nach § 21a EEG (2017) vermarktet wird / werden.

- Die Erstattung zusätzlicher Aufwendungen für angefallene Ausgleichsenergie nach Maßnahmen des Einspeisemanagements nach §§ 14, 15 EEG (2017)."

Am Ende des Dokumentes gibt es noch eine Passage, die ich danach schnell wieder vergessen habe, mich aber später noch einmal beschäftigen sollte:

„Korrespondenzänderung

Die Korrespondenz ist mit sofortiger Wirkung an folgende Anschrift zu richten:

sonnen eServices GmbH

Wir, sonnen eServices GmbH und der Kunde, gehen davon aus, dass diese Abtretungserklärung durch oben genannten Verteilnetzbetreiber anerkannt wird, soweit der sonnen eServices GmbH nicht innerhalb von 2 Wochen ein Widerspruch zugeht. Dieser kann auch in Textform an oben genannte E-Mail-Adresse erfolgen."

Gleichzeitig habe ich die Kündigungsbestätigung meines bisherigen Stromversorgers an sonnen gemailt, damit diese den Stromvertrag nicht noch einmal kündigen müssen.

Am 31.08.2020 erhielt ich die Begrüßungs- Mail von sonnen. Meine Auftragsbestätigung sei in meinem persönlichen Wegweiser-Portal (verlinkt) hinterlegt. Man werde nun den

Stromanbieterwechsel anstoßen und ggf. den Stromvertrag bei dem bisherigen Stromversorger für mich kündigen. Anschließend werde der frühestmögliche Starttermin für meine Strombelieferung mit der sonnenFlat ermittelt. Über den geplanten Starttermin informiere man mich selbstverständlich per E-Mail. Zwei Tage später erhielt ich meinen Zugang zum sonnen Kundenportal, zur my sonnen App und der sonnenCharger App. So konnte ich dort schon einmal ein wenig hineinschnuppern.

Mitte September 2020 wurde dann im Kundenportal von my sonnen angezeigt, dass ich ab dem 01.10.2020 von der sonnenCommunity mit Strom versorgt werde. Über die zu zahlenden Abschläge erhält man übrigens monatlich eine Rechnung per E-Mail, in der auch das Abbuchungsdatum genannt wird. Gleichzeitig bat der Netzbetreiber um Übermittlung des Zählerstandes bis zum 14.10.2020. Dies tat ich sinnvollerweise am 30.09. abends. Da zu Beginn des Monats Oktober die PVA noch nicht produktiv war, rechnete ich damit, dass die Stromlieferung zunächst neben dem Arbeitspreis zusätzlich zehn € monatlich bzw. monatsanteilig kosten würde. Damit sollte ich bis zur Jahresrechnung im Unklaren bleiben. Im Kundenportal gab es keine Informationen hierzu. Letztendlich berechnete sonnen mir netterweise keine zusätzliche Grundgebühr bis zum Beginne der Netzeinspeisung Ende Oktober. Ich vermute, sie wird erst dann in Rechnung gestellt, wenn die Stromlieferung ohne gleichzeitige Netzeinspeisung mehr als einen vollen Kalendermonat umfasst.

Meine Freistrommenge wurde schließlich am 21.10.2020 aktiviert. Dies ist insofern bemerkenswert, als dass die PVA erst zwei Tage später in Betrieb gesetzt wurde. Gleichzeitig bat mich sonnen, über einen Link meinen Steuerstatus (KUR oder Regelbesteuerung) und die Steuernummer für die PVA mitzuteilen. Die gesonderte Steuernummer lag mir zu diesem Zeitpunkt noch nicht vor. Ich wollte jedoch zumindest schon einmal meinen Steuerstatus übermitteln und mitteilen, dass mir meine Steuernummer noch nicht vorliegt. Dies funktionierte jedoch nicht. Es erschien immer wieder folgende Meldung:

„Nein, meine Steuernummer liegt mir heute noch nicht vor

Ich rechne damit, diese bis zum xxxxxxx mitteilen zu können. sonnen wird sich anschließend wieder bei mir melden.

Bitte geben Sie ein Datum zwischen 21/10/2020 und 21/1/2020 ein!"

Der Zeitraum ist natürlich paradox, da das Enddatum vor dem Beginndatum liegt! Ich konnte daher nichts eingeben. Dies habe ich schließlich nach mehreren weiteren Erinnerungs-Mails und Eingabeversuchen am 11.11.2020 per E-Mail mitgeteilt. Tags darauf rief mich sonnen zurück. Ich möchte übrigens an dieser Stelle lobend erwähnen, dass sonnen mich bei jedem Anliegen von mir innerhalb von einem bis zwei Tagen zurückgerufen hat. Es handele sich um einen Systemfehler und die Aufforderung sei eine automatisch generierte E-Mail. Es könne daher passieren, dass diese in den nächsten Wochen nochmals versandt werde. Wenn ich meine Steuernummer erhalten habe, solle ich es noch einmal über den Link probieren, ansonsten einfach alles per E-Mail mitteilen.

Nachdem ich dann am 19.12.2020 meine Steuernummer für die PVA erhalten hatte, habe ich die Daten dann per E-Mail übermittelt.

Am Mittwoch, den 09.12.2020 hat mich sonnen um die Übermittlung des Zählerstandes zum Netzbezug innerhalb der nächsten 14 Tage gebeten, um die Jahresrechnung zu erstellen. Dies habe ich am 13.12.2020 erledigt.

In diesem Zusammenhang fiel mir auf, dass ich bis dahin immer noch keinen Einspeisevertrag von der Netzgesellschaft erhalten hatte und mir von sonnen noch keine Abbuchung und

Abschlagsrechnung für November vorlag. Die Fragen nach deren Verbleib richtete ich zeitgleich an sonnen.

Am Dienstag, den 15.12.2020 rief sonnen zurück. Die Abbuchung für November sei Anfang Dezember rückwirkend für November erfolgt. Die Abschlagszahlung für Dezember sei diesmal erst im letzten Drittel des Monats vorgesehen. Die Abschlagsrechnung werde per Mail nochmals geschickt. Da schien also im November etwas schief gelaufen zu sein. Zum Verbleib des Einspeisevertrages könne man mir nichts sagen. Ende November habe aber die Netzgesellschaft die Abtretung der Einspeisevergütung akzeptiert. Zahlungen für Oktober und November habe sonnen auch bereits erhalten. Warum ich noch nichts erhalten habe sei schleierhaft.

Daraufhin rief ich bei der Netzgesellschaft an. Dort erklärte man mir, sonnen habe mit der Abtretungserklärung auch um sämtliche Korrespondenz gebeten, daher würden an mich keine Schreiben raus geschickt. Das steht auch tatsächlich so in der Erklärung drin (siehe oben). Telefonisch hatte mir sonnen aber zuvor gesagt, dass ich vom Netzbetreiber weiter auch alle Schreiben erhalten würde.

Sie übersende mir die „Bestätigung Betreiberwechsel". Diese PDF könne nur mit der Vertragskontonummer als Kennwort geöffnet werden, die sie mir am Telefon nannte. In dieser PDF befände sich auch die Geschäftspartnernummer. Mit beiden Nummern könne ich mich im Kundenportal anmelden und dort alle Korrespondenz und Abrechnungen einsehen.

Nun nutze ich für pdf- Dateien den „PDF-Xchange Viewer". Trotz mehrmaliger Versuche gelang es mir nicht, die Datei mit der Vertragskontonummer als Kennwort zu öffnen. Also beschloss ich, zusätzlich doch wieder zusätzlich den „Adobe Acrobat Reader" zu installieren. Und siehe da, die geschützte pdf- Datei kann man offensichtlich nur mit diesem Programm öffnen. Die Anmeldung klappte dann tatsächlich so wie beschrieben, ein

Kundenportal für mich war bereits wegen eines vorherigen Strombezuges vorhanden. Dort auf der Startseite musste ich dann das neue Vertragskonto hinzufügen, und die Einsicht in die Unterlagen hat dann reibungslos geklappt. Seitdem erhalte ich auch monatlich eine E-Mail mit der Abrechnung über die an sonnen weitergeleitete Einspeisevergütung.

Man sieht also, es werden einem immer wieder kleine Stolpersteine in den Weg gelegt. Man muss des öfteren bei verschiedenen Stellen mal nachfragen, aber am Ende findet sich doch auch immer eine Lösung.

Am 04.02.2021 erhielt ich meine Jahresrechnung von sonnen. Die wichtigsten Erkenntnisse waren dabei für mich:

- Der Menge der in Rechnung gestellten kWh für den Netzbezug stimmte mit den Werten des WZ überein.
- Die anteilige Freistrommenge wird nach folgender Formel berechnet: Freistrommenge pro Jahr/365 Tage x Anzahl der tatsächlichen Kalendertage der Aktivierung (21.10. - 31.12.2020)
- Die anteilige Gewinnbeteiligung berechnet sich wie folgt: (Gewinnbeteiligung pro Jahr (netto)/365 Tage x Anzahl der Kalendertage seit Teilnahme an der sonnenCommunity (01.10. - 31.12.2020)) + Umsatzsteuer
- Die Gutschrift für die erbrachten Leistungen an sonnen entspricht in Summe immer dem Bruttowert der Freistrommenge.

An dieser Stelle werde ich noch zwei kleine Ärgernisse mit der sonnenBatterie ansprechen. Am 17.02.2021, einem bewölkten Tag mit nur wenig Solarstromproduktion, lud sich die Batterie von 13:00 bis 14:30 Uhr durch Netzbezug von 0 % bis auf 92 % Ladezustand auf. In diesem Zustand verharrte sie dann auch noch über die Mittagsstunden des nächsten Tages hinaus, obwohl an diesem Tag die Sonne schien. Die Stromproduktion der PVA wurde also zum größten Teil unnötigerweise in das öffentliche Stromnetz eingespeist.

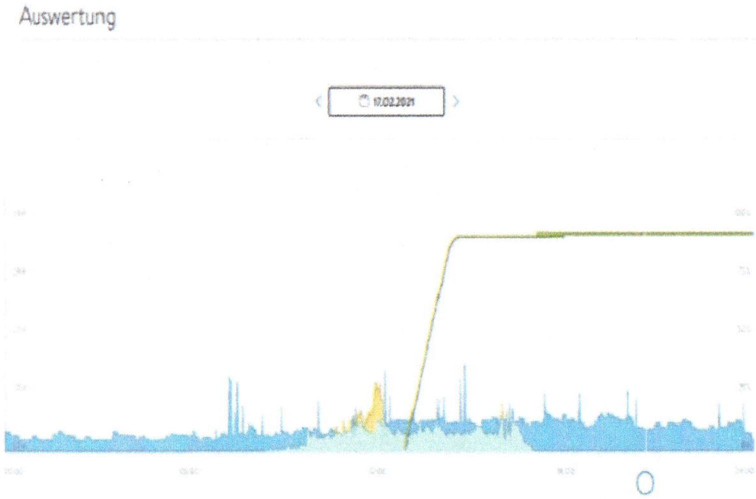

Zur Erklärung für diejenigen, die sich noch nicht mit dem sonnen-Kundenportal vertraut gemacht haben: Der blaue Bereich stellt den Stromverbrauch im Laufe des Tages dar, der gelbe Bereich die Stromproduktion. Die grüne Linie gibt den Ladezustand der sonnenBatterie zum jeweiligen Zeitpunkt an.

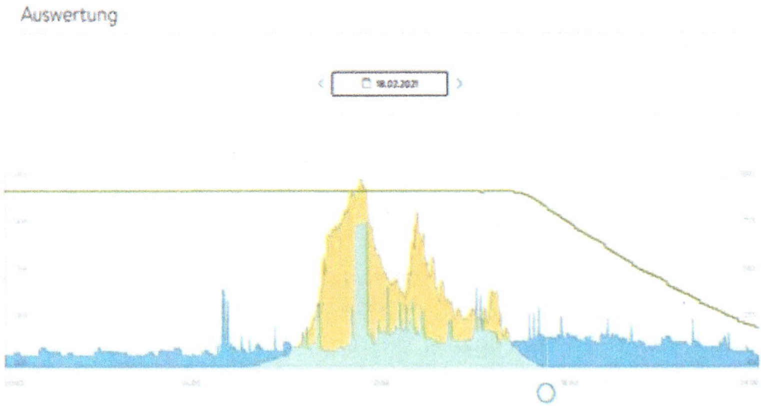

In den Mittagsstunden des 18.02. schrieb ich eine E-Mail an sonnen mit der Bitte um Klärung. Gegen 16:15 Uhr entlud sich die Batterie schließlich wieder in unser Hausnetz. Am Abend des 20.02.2021 erhielt ich folgende Antwort von sonnen:

„Das von Ihnen beobachte "stehenbleiben" des Ladestands (State of Charge, SoC) ist auf einen Unterschied der Zellspannung zwischen den einzelnen Modulen Ihrer sonnenBatterie zurückzuführen, der genau dann auftreten kann, wenn es für einen längeren Zeitraum zu keiner Vollladung der sonnenBatterie kam. Es handelt sich bei dem stehenbleibenden SoC um einen Fehler in der Anzeige, da die Berechnung des SoC auf den Zellspannungen beruht. Der tatsächliche Ladestand der Module konnte zu der jeweiligen Zeit durchaus höher sein.

Durch die Zellpflege wird dieser Unterschied der Zellspannungen ausgeglichen, so dass die Anzeige des SoC anschließend wieder korrekt ist. Die aktive Zellpflege ist oftmals (aber nicht immer) zu erkennen an einem über längere Zeit auf konstantem Niveau verharrenden SoC. Sobald die Zellpflege abgeschlossen ist, kehrt die sonnenBatterie zu ihrem normalen Ladeverhalten zurück.

Ein Hinweis noch: Vereinzelt kann es dazu kommen, dass die Zellpflege im ersten Anlauf nicht ausreicht. In diesem Fall wird dann kurze Zeit später ein erneuter Durchlauf der Zellpflege gestartet, um die Zellspannung der Module perfekt auszubalancieren.

Bitte beobachten Sie Ihre sonnenBatterie in den kommenden Tagen - das Ladeverhalten sollte sich durch die Maßnahmen normalisieren."

Dass der angezeigte Ladezustand nicht dem tatsächlichen Ladezustand entsprochen haben soll, erschließt sich mit nicht wirklich. Denn die Batterie lud sich defintiv per Netzbezug auf und gab die Ladung erst einen Tag später wieder ab. Soweit dies nur an einem Tag passiert, ist das ja zu verschmerzen. Es wäre aber ein besserer Kundenservice, wenn derartiges bereits im Vorfeld oder zumindest während der laufenden Zellpflege mitgeteilt worden wäre. Dies nur zur Information des interessierten Lesers.

Ein weiteres Ärgernis trat am 04.05.2021 in den Abendstunden auf. Die Batterie lud sich bis um 15 Uhr normal aus der PVA-Produktion zu 74 % auf. Anschließend verfiel sie wieder in „Schockstarre". Sie speiste in den Nachtstunden nicht für den Eigenverbrauch in das Hausnetz ein, lud sich nicht weiter auf in den Sonnenstunden des nächsten Tages und auch in den nächsten vier Tagen „verlor" die Batterie lediglich 1 % ihrer Ladung.

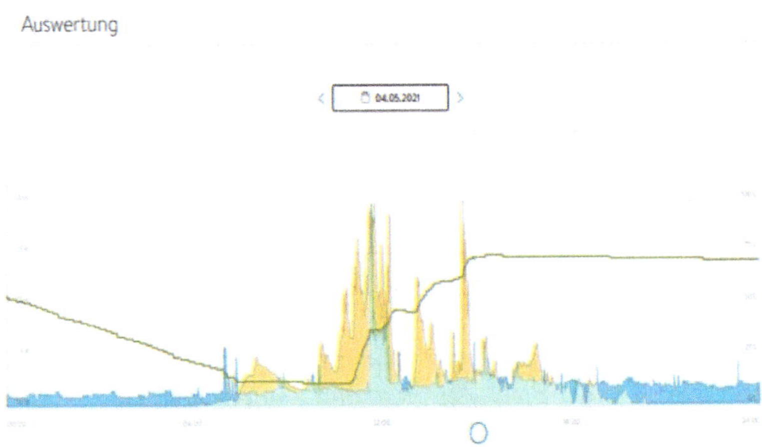

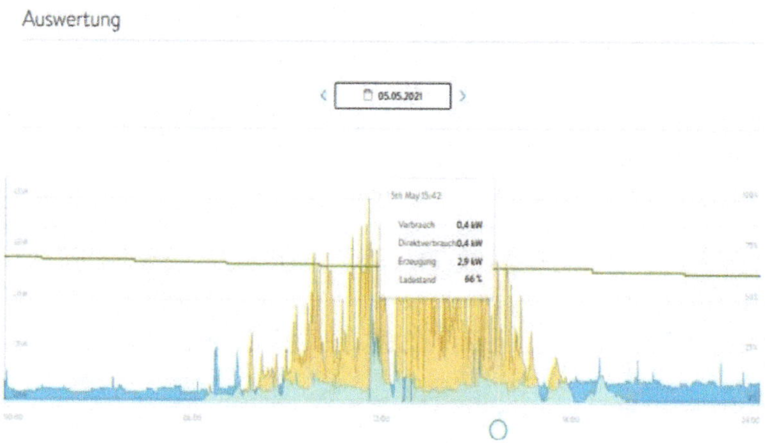

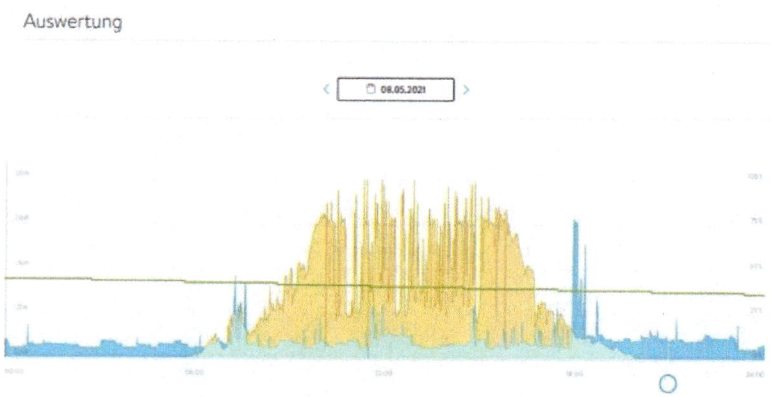

In der sonnenBatterie-App erschien am zweiten Tag vorübergehend der Hinweis, dass wegen einer Batteriewartung diese vollständig geladen werden müsse.Das ist aber nicht geschehen. Am dritten Tag schrieb ich dann sonnen über das Kundenportal mit der Bitte um Klärung an. Bis heute, Dienstag, den 11.05.2021 habe ich noch keine Antwort erhalten. Am Sonntag, den 09.05. erinnerte ich mich an ab und zu auftretende Probleme mit dem Computer, wenn er sich „aufhängt". Dann hilft nur ein Neustart. Da in der sonnenBatterie schließlich auch ein Computer zur Ladeoptimierung installiert ist, beschloss ich sie vom Netz zu trennen und neu zu starten. Dazu hatte man mir bei der Installation erklärt, zunächst den Ein-/Ausschaltknopf an der Batterieseite zu drücken, anschließend die Sicherung für die Batterie auszuschalten, ein paar Minuten zu warten und anschließend in umgekehrter Reihenfolge die Batterie wieder in Betrieb zu nehmen. Und siehe da, anschließend tat sie wieder ihren Dienst so wie es sein sollte. Sie lud sich wieder voll und gab nachts wieder ihre Ladung für den Eigenverbrauch ins Hausnetz. Künftig werde ich also bereits nach einem Tag auffälligen Verhaltens einen Neustart durchführen.

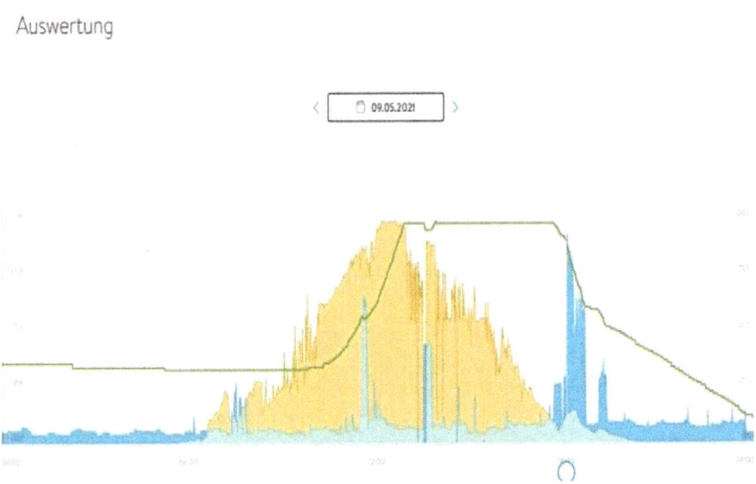

Ich bin gespannt, wie die zukünftigen Werte und Rechnungen aussehen werden und wie es mit der Batterie so weiter läuft...

I. Meine persönliche Erfahrung mit dem Finanzamt

Ich habe bereits in den vorherigen Kapiteln etwas zu den Abläufen mit der Finanzverwaltung geschrieben sowie einige Schreiben und Formulare abgebildet. Das will ich hier nicht wiederholen, sondern nur die Geschehnisse in chronologischer Reihenfolge noch einmal kurz zusammenfassen, um die zeitlichen Dimensionen zu verdeutlichen.

Am 06.10.2020, eine Woche nach der Installation der PVA, habe ich den offiziellen Fragebogen zur steuerlichen Erfassung für Einzelunternehmen ausgefüllt und auf elektronischem Wege versandt. Am 30.10.2020 hatte ich das Schreiben des Finanzamtes zur „Aufnahme einer gewerblichen, selbständigen (freiberuflichen) oder land- und forstwirtschaftlichen Tätigkeit" nebst Anlagen Im Briefkasten. Die geforderten weiteren Unterlagen habe ich am folgenden Montag, den 02.11.2020 in den Hausbriefkasten des Finanzamtes eingeworfen.

Eine Woche später führte ich mit dem Sachbearbeiter ein Telefonat, in dem er mir mitteilte, ich solle mit den Voranmeldungen zur Umsatzsteuer bis zur Zuteilung der gesonderten Steuernummer für die PVA warten.

Die Steuernummer erhielt ich am 21.12.2020. An diesem Tag habe ich auch die bis dahin aufgelaufenen monatlichen Voranmeldungen für die Monate August bis November 2020 auf elektronischem Wege übermittelt. Die Umsatzsteuer für November buchte das Finanzamt am 30.12.2020 ab.

Ein Hinweis noch, falls Sie mit einem Steuerprogramm arbeiten und mit diesem auch die Erklärungen und Voranmeldungen übermitteln: In „Mein Elster" erscheinen nur auch damit selbst übermittelte Meldungen/Erklärungen, nicht solche, die mit einem Steuerprogramm (z.B. Steuersparerklärung plus) abgegeben wurden. Versandprotokolle sind dann nur im Steuerprogramm hinterlegt.

Am 04.01.2021 übermittelte ich die Umsatzsteuer-Voranmeldung für den Dezember 2020, der Betrag wurde am 13.01.2021 abgebucht. Mit Schreiben vom 07.01.2021 wurden uns auch neue Steuernummern für unsere „normale" Einkommensteuer zugeteilt.

Die Vorsteuer aus den Anschaffungskosten hatten wir am 18.01.2021 auf dem Konto. Mit Schreiben vom 22.01.2021 teilte uns das Finanzamt mit, dass wir ab dem ersten Kalendervierteljahr 2021 zur vierteljährlichen Übermittlung der Umsatzsteuer-Voranmeldungen verpflichtet seien, da sich für das vorangegangene Kalenderjahr ein Umsatzsteuer-Überschuss zu unseren Gunsten ergeben habe.

Am 25.01.2021 habe ich den Antrag auf Dauerfristverlängerung für das Jahr 2021 gestellt.

Am 11.03.2021 habe ich unsere Jahressteuererklärungen für das Jahr 2020, am 09.04.2021 die Umsatzsteuer-Voranmeldung für das erste Kalendervierteljahr 2021 elektronisch übermittelt. Die Dauerfristverlängerung scheint sich auch auf den Abbuchungstermin der Umsatzsteuer auszuwirken. Denn die Abbuchung erfolgte erst am 12.05.2021. Am 15.04.2021 forderte das Finanzamt noch einige Nachweise für die Jahressteuererklärungen 2020 an. Diese betrafen aber nicht die PVA.

Der Steuerbescheid für das Jahr 2020 lässt bis heute, den 12.06.2021 auf sich warten. Am 10.06. habe ich von einer anderen Stelle des Finanzamtes eine weitere Anfrage erhalten, die sich explizit auf die PVA bezieht:

„Zur Bearbeitung ihrer Steuererklärung sind leider noch weitere Unterlagen erforderlich, die bislang nicht angefordert wurden:

- Bitte reichen Sie die Gutschriften zu den Betriebseinnahmen der Photovoltaikanlage über 45,15 € netto ein.

- Wie haben Sie den Eigenverbrauch über 57 € ermittelt?

- Lt. der Rechnung zur Photovoltaikanlage betragen die Anschaffungskosten 21.200 €. Sie aktivieren in der EÜR 18.870,30 €. Woher stammt die Differenz? Handelt es sich um den Zuschuss der ILB? Wenn ja, reichen Sie bitte eine Kopie des Bescheids hierzu ein.

- Bitte reichen Sie eine Rechnung für die Anschaffung der PV-Anlage ein, auf der alle Wirtschaftsgüter (Positionen 1 bis 35 der Rechnung vom 30.09.2020) separat ausqepreist sind. Denn Ihre Anlage enthält nicht nur die Anschaffung von Solarmodulen, sondern auch die Anschaffung von einer Sonnenbatterie. Batteriespeicher sind grundsätzlich als bewegliche Wirtschaftsgüter anzusehen. Sie können auf unterschiedliche Art und Weise auch in eine bestehende Photovoltaikanlage integriert werden. Wird ein Batteriespeicher mit einem anderen beweglichen Wirtschaftsgut - hier der Photovoltaikanlage - verbunden oder zu einer Gesamtanlage zusammengeführt, ist gesondert zu entscheiden, ob diese Gesamtanlage aus mehreren selbständigen Wirtschaftsgütern besteht oder ein anderes Wirtschaftsgut entstanden ist und der Batteriespeicher und die PV- Anlage nur unselbständige Teile der Gesamtanlage darstellen. Ein Batteriespeicher ist weder für den betrieblichen Einsatz der PV-Anlage zur Stromproduktion notwendig, noch würde ein längerfristiger Verzicht auf den Batteriespeicher zu Schäden oder zu einem Funktionsausfall der Photovoltaikanlage führen. Wird der Batteriespeicher allein zur Zwischenspeicherung des selbst erzeugten Stroms zur anschließenden privaten Verwendung genutzt, ist er dem notwendigen Privatvermögen zuzuordnen. Es ist davon auszugehen, dass Ihre PV-Anlage auch ohne Batteriespeicher läuft. Zudem wird angenommen, dass der Batteriespeicher ausschließlich privat genutzt wird. Daher wären die

Anschaffungskosten der Sonnenbatterie inkl. des Einbaus steuerlich nicht über die Abschreibung zu berücksichtigen. Sollte der Batteriespeicher evtl. betrieblich genutzt werden, so kann der Hersteller dies ggfs. bestätigen. Die Beweislast liegt bei Ihnen."

Das hat mich naturgemäß etwas genervt. Andererseits gibt mir das Schreiben die Hoffnung, dass das Finanzamt nicht aufgrund der Überschussprognose von vornherein „Liebhaberei" unterstellt und ich somit die Verluste steuerlich geltend machen kann. Ansonsten würde eine derartige Nachforderung von Unterlagen ja keinen Sinn ergeben. Ist das eine Auswirkung des Urteils des Finanzgerichtes Thüringen (vgl. D2.12)? In dieser Zuversicht habe ich das Schreiben wie folgt beantwortet und entsprechende Unterlagen beigefügt:

„- Betriebseinnahmen der Photovoltaikanlage über 45,15 € netto:

Wir haben den Anspruch auf Einspeisevergütung an die sonnen GmbH abgetreten. Dafür sind wir der sonnenCommunity beigetreten und erhalten im Rahmen der sonnenFlat eine jährliche Freistrommenge von 610 kWh zur Verfügung gestellt. sonnen fungiert hier also als Stromversorger. 10% der Batteriekapazität stellen wir für die Netzstabilisierung zur Verfügung. Hierfür erhalten wir mindestens 75,40 € jährlich (brutto) als Gewinnbeteiligung.

Die Betriebseinnahmen setzen sich also zusammen aus den Einnahmen aus dem Leistungsaustausch mit sonnen (Abtretung unseres überschüssigen, nicht selbst verbrauchten oder gespeicherten Stroms von der PV-Anlage an sonnen sowie die temporäre und teilweise Bereitstellung der Speicherkapazität unserer sonnenBatterie für sonnens virtuelles Kraftwerk), die Gewinnbeteiligung am virtuellen Kraftwerk und die Vergütung für den im Rahmen einer Netzdienstleistung eingespeisten bzw. zusätzlich bezogenen Solarstrom.

Den Jahreswert für die temporäre und teilweise Bereitstellung der Speicherkapazität unserer sonnenBatterie entnehmen wir Ziffer 3.2 der Jahresrechnung (Nutzung der Sonnenbatterie im virtuellen Kraftwerk), den Jahreswert für die Abtretung unseres überschüssigen, nicht selbst verbrauchten oder gespeicherten Stroms von der PV-Anlage an sonnen entnehmen wir ebenfalls Ziffer 3.2 der Jahresrechnung (Abtretung des Solarstroms), die Einnahmen aus der Gewinnbeteiligung am virtuellen Kraftwerk ergibt sich aus Ziffer 2.1 der Jahresrechnung und die Vergütung für den im Rahmen einer Netzdienstleistung eingespeisten bzw. zusätzlich bezogenen Solarstrom aus Ziffer 2.2 der Jahresrechnung.

Demnach ergeben sich aus unserer (beigefügten) Jahresrechnung folgende Beträge:

Einnahmen Zeile 14 (bei KUR Zeile 11)

Bereitstellung Batterie	Nettoumsatz Abtretung Solarstrom	Gewinnbeteiligung Netto	Einspeisung Sonnenbatterie Netto	Summe Zeile 14 (KUR: Zeile 11)
7,00 €	22,07 €	16,38 €	0,00 €	45,45 €

Wir haben auch in der übermittelten EÜR (beigefügt) eine Summe von 45,45 € und nicht 45,15 € ausgewiesen.

- Ermittlung des Eigenverbrauches über 57 €:

Die Menge des Eigenverbrauchs ermittele ich, indem ich die laut Zweirichtungszähler eingespeiste Strommenge von der laut Wechselrichter produzierten Strommenge abziehe.

Zur Teilwertbewertung des selbst verbrauchten Stroms habe ich aus Vereinfachungsgründen einen pauschalen Wert von 20 Ct/kWh angesetzt.

Betriebsentnahmen Zeile 20

Eigenverbrauch ganze kWh (abgerundet)	Gesamtproduktion des Jahres der PV- Anlage ganze kWh (abgerundet)	Stromherstellungskosten je kWh	Summe Zeile 20
285	338	0,2000 €	57,00 €

- Differenz in den Anschaffungskosten

Nachweise über die Gutschrift des Installateurs und den Zuwendungsbescheid der ILB erhalten Sie anbei.

- Separate Auspreisung der Kosten für den Batteriespeicherfunktionen

Die Sonnenbatterie ist in Zusammenhang mit der sonnenFlat so konzipiert, dass durch die Teilnahme an einem virtuellen Kraftwerk die 10 %ige Schwelle für die Unternehmens- und Betriebsvermögenszuordnung der Batterie erfüllt ist. Hintergrund ist die Fernsteuerung der Batterie durch sonnen und die dafür gezahlte Vergütung in Form der Freistrommenge bzw. Gewinnbeteiligung. Da die Batterie dadurch dem Unternehmens- bzw. Betriebsvermögen zugeordnet wurde, wird ein Vorsteuerabzug begründet bzw. werden die steuerlichen Abschreibungen ermöglicht. Ausweislich der Internetseite von sonnen wurde das Konzept bereits seitens der Finanzbehörden (Bayerisches Landesamt für Steuern) auch so bestätigt (https://sonnen.de/haeufig-gestellte-fragen-zum-thema-steuern-bei-der-sonnenflat-x/).

Dessen ungeachtet füge ich die Anlage zu Schlussrechnung über die Einzelpreise der sonnenBatterie bei.

Die Steuererklärung habe ich mit dem Programm SteuerSparErklärung plus erstellt und übermittelt. Dort habe ich in den Erläuterungen für das Finanzamt die

Überschussprognose zu „Solarstromerzeugung" hinterlegt. Da ich nicht erkennen kann, ob und wie diese für Sie sichtbar sind und die Prognose durch eine fehlerhafte hinterlegt Formel nicht richtig war, gebe ich Ihnen hier eine aktualisierte über einen Zeitraum von 20 und 25 Jahren. Dies ist zudem nicht von der Hand zu weisen, da zum Beispiel unsere Module eine Leistungsgarantie über 25 Jahre haben. Nach 25 Jahren wird immer noch eine garantierte Ausgangsleistung von 86,2 % versprochen."

Anschaffungskosten (netto, nur bei KUR brutto)	18.870,30 €	ggf. ohne Spei
Jährlicher Abschreibungsbetrag: Anschaffungskosten / 20 Jahre	943,52 €	
Betriebskosten/Versicherungen jährlich geschätzt	50,00 €	
Prognostizierte erzeugte Kilowattstunden/Jahr	5.750,00	lt. Angebot/PV
Selbstkosten (Abschreibung und Betriebskosten je KWH)	0,2000 €	
Gewinnbeteiligung am virtuellen Kraftwerk	75,40 €	
prognostizierter Prozentsatz der Einspeisung an der Gesamterzeugung	43	
Einspeisung kwh	2473	lt. Angebot/PV
Vergütung je kwh	0,0877 €	
prognostizierter Prozentsatz der Eigenverbrauches an der Gesamterzeugung	57	
Eigenverbrauch kwh	3278	lt. Angebot/PV

Einnahmen	20 Jahre	25 Jahre
Freistrommenge sonnen (kWh/Jahr)	610	610
Bruttostrompreis je Kilowattstunde für den Netzbezug €	0,281	0,281
Einnahmen aus dem Leistungsaustausch mit sonnen	3.428,20 €	4.285,25 €
Gewinnbeteiligung am virtuellen Kraftwerk	1.508,00 €	1.885,00 €
EigenverbrauchSelbstkosten (Eigenverbrauch)	13.112,00 €	16.390,00 €
Summe	**18.048,20 €**	**22.560,25 €**
Ausgaben		
Anschaffungskosten	18.870,30 €	18.870,30 €
Anlagenchecks	0,00 €	0,00 €
Reinigung nach 10 Jahren	0,00 €	0,00 €
Betriebskosten/Reparaturen	0,00 €	0,00 €
Sonstige (Versicherung, Zahlergebühren)	1.000,00 €	1.250,00 €
Summe	**19.870,30 €**	**20.120,30 €**
Steuerlicher Gewinn/Verlust	-1.822,10 €	**2.439,95 €**

K. Epilog

Das ist also der Zwischenstand nach über einem Jahr Beschäftigung und Recherchen zu den Themen PVA, Batteriespeicher und Stromcloud, sowie nach sieben Monaten Erfahrung als Betreiber eines „Stromerzeugungsunternehmens". Beim Schreiben dieses Buches habe ich ständig neue Erkenntnisse erworben. Meine Vorstellungen, die ich nach den ersten „Fachaufsätzen" von dem hatte, was auf mich als Käufer einer Solaranlage auf dem Dach zukommt, musste ich ebenso im Laufe der Monate oft revidieren oder zumindest ändern. Ich denke, derzeit befinde ich mich auf einem ganz guten und ausreichenden Kenntnisstand, insbesondere was die steuerlichen Belange der PVA angeht. Das Schreiben hat mir durchaus für das Verständnis vieler Fragen, die man sich ständig bei zu treffenden Entscheidungen stellt, weitergeholfen. Gemeinsam mit meinen Tabellenkalkulationen, die nach den Ergebnissen der Steuerbescheide ja im Wesentlichen korrekt zu sein scheinen, soll und wird mir das Buch auch bei den künftig immer wiederkehrenden Aufgaben helfen. So erspare ich mir eine Menge unnötige „Rüstzeiten", die immer dann entstehen, wenn man sich nach einer gewissen Zeit wieder mit einem Thema beschäftigen und sich erst einmal wieder in die Materie „einarbeiten" muss. Ich hoffe, das gilt für Sie als Käufer und Leser dieses Buches genauso.

Leben bedeutet Veränderung. So wird sich auch die Technik und die steuerliche Behandlung der PVAn in Zukunft ändern. Das werde ich naturgemäß als Betreiber beobachten. Das beinhaltet auch, dass ich dann Passagen dieses Buches und die Tabellenkalkulationen anpassen muss und werde. Fortgeschriebene, geänderte Auflagen sind also zu erwarten. Auf diese Aufgabe und Herausforderung freue ich mich und hoffe, dass ich Ihnen auch noch künftig eine Hilfe sein und einiges an Aufwand ersparen kann.

In diesem Sinne sage ich „Auf bald!“ und sonnige Grüße

Ihr

Peter sonnenZar

Printed by Amazon Italia Logistica S.r.l.
Torrazza Piemonte (TO), Italy

34866014R00117